融合空间信息的三域模糊控制器

张宪霞 著

电子工业出版社

Publishing House of Electronics Industry

北京·BEIJING

内 容 简 介

本书针对现实世界中广泛存在的空间分布动态系统，介绍一种三域模糊控制器。三域模糊控制器将表征空间信息、处理空间信息与模糊逻辑控制完美地融合在一起，拓展了传统意义上的模糊逻辑控制。本书详细介绍三域模糊控制器的基础理论，对空间分布三域模糊控制系统进行理论分析，并且给出基于数据驱动的设计方法。

全书分为 4 篇，由浅至深，各自独立又相互关联。第一篇主要介绍三域模糊集合、三域模糊控制策略、三域模糊控制器基本构成等相关基础知识；第二篇着重讨论三域模糊控制器的数学解析结构和三域模糊控制系统的稳定性设计问题；第三篇通过空间分解和协调策略，探讨具有多个控制源的空间分布系统的三域模糊控制问题；第四篇探讨仅有输入输出数据的情况下，利用机器学习算法设计三域模糊控制器的方法。

本书内容丰富且详实，可作为模糊控制、智能控制、自动控制、软计算、数据挖掘等领域的教师、研究人员、技术人员的参考书，也可作为相关专业的研究生教材。

未经许可，不得以任何方式复制或抄袭本书之部分或全部内容。
版权所有，侵权必究。

图书在版编目（CIP）数据

融合空间信息的三域模糊控制器/张宪霞著. —北京：电子工业出版社，2017.1
ISBN 978-7-121-30678-5

Ⅰ. ①融… Ⅱ. ①张… Ⅲ. ①模糊控制器－研究 Ⅳ. ①TM571

中国版本图书馆 CIP 数据核字（2016）第 311561 号

责任编辑：许存权
印　　刷：北京虎彩文化传播有限公司
装　　订：北京虎彩文化传播有限公司
出版发行：电子工业出版社
　　　　　北京市海淀区万寿路 173 信箱　邮编 100036
开　　本：720×1 000　1/16　印张：12.25　字数：274 千字
版　　次：2017 年 1 月第 1 版
印　　次：2023 年 9 月第 2 次印刷
定　　价：69.00 元

凡所购买电子工业出版社图书有缺损问题，请向购买书店调换。若书店售缺，请与本社发行部联系，联系及邮购电话：（010）88254888，88258888。
质量投诉请发邮件至 zlts@phei.com.cn，盗版侵权举报请发邮件至 dbqq@phei.com.cn。
本书咨询联系方式：（010）88254484，xucq@phei.com.cn。

前 言
PREFACE

  在现实生活和生产过程中，空间分布几乎无处不在。尤其是石油、化工、炼钢、轧钢等一些在国民经济中占有着重要地位的复杂大型工业过程，不但具有非线性、不确定性、大时滞、时变性特点，而且还具有较强的空间分布特性。这类系统被称为空间分布系统或分布参数系统。系统的动态行为通常可由偏微分或者偏积分-积分方程或积分方程等所描述。传统上，通常忽略或者简化被控对象的空间分布特性，采用集总参数控制方法进行控制。而在过去几十年发展起来的经典分布参数系统控制方法，不但需要系统的精确数学模型，并且涉及大量复杂的数学知识，难以在工程实践中得以应用。研究能够表征、处理空间信息的模糊控制，成为空间分布系统领域一个重要的研究课题之一。

  模糊控制自产生到现在，已取得许多成果，得到广泛应用。它在实际应用中具有两个显著优势，一是设计控制器不需要被控系统的数学模型，二是通过实际经验而非复杂数学推导可获得令人满意的控制器。正是这两个优势，使得模糊控制一直活跃在控制领域这个大舞台上。

  传统的模糊控制是基于二维模糊集合的模糊系统，并不具备表征空间信息和处理空间信息的能力。当空间分布系统的空间分布均匀或者接近均匀时，整体空间可用一个质点来近似，对此质点可设计传统模糊控制器。当空间分布系统的空间分布不均匀，而这种空间分布特性又足以用空间上的有限特征点来近似时，可针对这些特征点设计传统多变量模糊控制器。当空间分布系统的空间分布不均匀，并且这种空间分布特性又不能够以空间上的有限特征点来近似时，基于传统模糊集合的传统模糊控制已无法提出有效的解决方案。因此，研究能够表征空间信息的模糊集合，研究能够处理空间信息的模糊控制器，成为空间分布系统智能控制的新热点。

  作者在博士生导师李少远教授与李涵雄教授的指导下开始接触这个领域，十余年一直开展这个领域的研究。作者也终身受益于在攻读博士期间与导师们相处的日子，深深感受到他们对科学研究的热爱、执着与勤奋，学到了他们看待科学问题的眼光与解决具体问题的能力。

  作者刚开始工作的那一年，凭借研究空间分布系统三域模糊控制问题获得了生平第一项国家自然科学基金项目的资助，这对作者学术生涯的启动和后续发展起到了极其重要的作用。在该项目的支持下，作者带领学生继续深入研究这个领域的热点问题。从2008年起，作者指导了研究生江晔、秦静静、孙梦、李佳佳、戚俊达、秦磊、赵立国、苏夏、付志强、谢伟、赵连荣、代杰、章进强、成冲，对基于数据学习的三域模糊控制问题与建模问题进行了持续多年的研究。特别值得一提的是江晔，对新思路新方法进行了各种艰苦探索，取得了出色的成果，最终以可以跟博士论文相媲美的硕士论文毕业。本书部分内容是来自作者指导研究生的工作成果。作者对他们辛勤的劳动表示衷心感谢。

  本书是空间分布系统模糊控制领域的第一本专著，由相互独立的4篇组成，内容涉及空间分布系统三域模糊控制领域的前沿内容和作者的研究成果，凝聚了作者十余年来在两项国家自然科学基金项目、上海市优秀青年教师与上海大学创新基金项目支持下的研究成果与心得。

  本书可供模糊控制、智能控制、自动控制、软计算、数据挖掘、分布参数系统等领域的教师、研究人员、技术人员阅读，也可作为相关专业的研究生教材。由于作者学识有限，不足之处在所难免，恳请广大读者给予批评指正。

  本书是作者多年研究思路和工作成果的一个阶段性小结。本书向感兴趣的读者全面介绍相关领域的研究思路和目前所取得的点滴成果，期望它的出版能引起更多学者对三域模糊控制器的兴趣，希望读者能将三域模糊控制器应用于更多领域，同时也寄希望于读者能提供新的思路，以继续进行该领域的研究。

张宪霞
2016年9月

目 录
CONTENTS

第一篇 基础知识 ··· 1

第1章 概述 ·· 2
  1.1 引言 ··· 2
  1.2 空间分布动态系统的经典控制方法 ·· 4
  1.3 空间分布动态系统的模糊控制方法 ·· 8
  1.4 处理空间信息的传统模糊控制方案 ·· 9
  1.5 本篇主要工作 ·· 12

第2章 空间分布动态系统 ··· 13
  2.1 系统概述 ·· 13
  2.2 四个典型系统 ·· 15
      2.2.1 填充床催化反应器 ··· 15
      2.2.2 棒式催化反应器 ·· 16
      2.2.3 非等温填充床反应器 ·· 18
      2.2.4 三区快速加热化学气相沉积（RTCVD）反应器 ······················ 19

第3章 三域模糊集合与三域模糊控制策略 ·· 22
  3.1 三域模糊集合 ·· 22
      3.1.1 定义 ··· 22
      3.1.2 运算法则 ·· 23
  3.2 三域模糊集合与其他模糊集合的比较 ·· 24

   3.2.1 传统模糊集 ·· 24
   3.2.2 type-2 模糊集 ·· 25
   3.2.3 区间值模糊集 ·· 25
   3.2.4 四种模糊集合比较 ·· 26
  3.3 模糊控制策略 ·· 27
   3.3.1 传统模糊控制策略 ·· 27
   3.3.2 三域模糊控制策略 ·· 28

第4章 三域模糊控制器 ·· 30
  4.1 三域模糊控制器构成 ·· 30
  4.2 三域模糊控制器设计 ·· 36

第5章 基于专家经验的三域模糊控制器设计 ································ 38
  5.1 三域模糊控制器设计 ·· 38
  5.2 仿真结果与比较 ··· 40
  本篇小结 ··· 49
  本篇参考文献 ·· 50

第二篇 理论分析 ··· 59

第6章 概述 ·· 60
  6.1 引言 ··· 60
  6.2 传统模糊控制的解析分析 ··· 60
  6.3 传统模糊控制系统的稳定性分析及设计 ·························· 62
  6.4 规则库平面分解法 ·· 65
  6.5 本篇主要工作 ·· 69

第7章 三域模糊控制器的数学解析 ··· 71
  7.1 三域模糊控制器的规则库平面分解 ································ 71
  7.2 三域模糊控制的数学解析结果 ······································· 77

第 8 章　三域模糊控制器的结构分析 … 79

8.1　三域模糊控制器的滑模结构 … 79
8.2　三域模糊控制器的空间等价结构 … 81

第 9 章　三域模糊控制系统的稳定性分析 … 89

9.1　Lyapunov 稳定性 … 89
9.1.1　系统描述 … 89
9.1.2　全局稳定性条件 … 91
9.1.3　仿真研究 … 96
9.2　BIBO 稳定性 … 97
9.2.1　BIBO 稳定性条件 … 98
9.2.2　仿真研究 … 106

本篇小结 … 108

本篇参考文献 … 109

第三篇　多控制源空间分布系统 … 117

第 10 章　概述 … 118

第 11 章　基于分解协调的三域模糊控制器设计 … 119

11.1　分解策略 … 119
11.1.1　空间分解 … 119
11.1.2　复杂系统分解 … 121
11.2　协调策略 … 121
11.3　基于分解协调的三域模糊控制系统框架 … 122
11.4　基于分解协调的三域模糊控制器设计 … 123
11.4.1　设计原理 … 123
11.4.2　设计步骤 … 126
11.4.3　设计实例与仿真研究 … 126

本篇小结 ·· 130

本篇参考文献 ·· 131

第四篇 基于数据驱动的设计方法 ·· 133

第12章 概述 ·· 134

12.1 引言 ·· 134

12.2 基于数据驱动的传统模糊控制设计 ···································· 134

12.3 本篇主要工作 ·· 137

第13章 三域模糊控制器作为非线性映射器 ······························ 138

13.1 三域模糊控制器是一个非线性映射器 ································· 138

13.2 空间模糊基函数及三域模糊控制器的三层网络结构 ··············· 140

13.3 三域模糊控制器的万能逼近性 ·· 142

第14章 基于最近邻域聚类与支持向量回归机的三域模糊控制器设计 ·· 146

14.1 设计框架 ·· 146

14.2 结构学习 ·· 147

    14.2.1 基于最近邻域聚类的初始结构学习 ···························· 147

    14.2.2 结构简化 ·· 149

14.3 参数学习 ·· 151

14.4 仿真应用 ·· 153

第15章 基于支持向量回归机的三域模糊控制器设计 ···················· 159

15.1 设计原理 ·· 159

    15.1.1 空间模糊基函数与空间核函数 ·································· 160

    15.1.2 单输出三域模糊控制器与单输出 SVR 的等价关系 ········ 161

15.2 设计步骤 ·· 162

  15.3 仿真应用 ·· 165
  本篇小结 ··· 172
  本篇参考文献 ··· 173
第 16 章 结束语 ·· 176
附录 支持向量回归机（SVR） ··· 178
  本附录参考文献 ·· 183

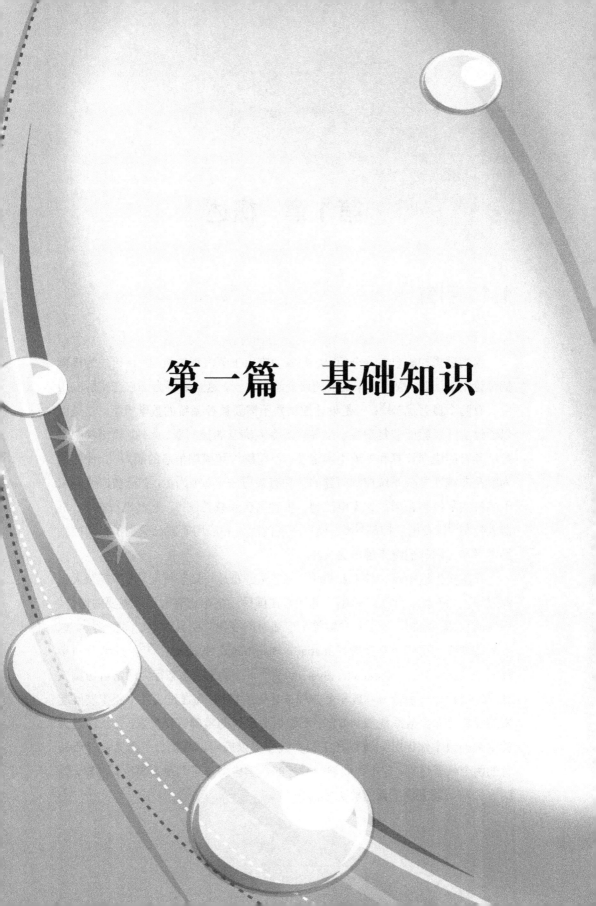

第一篇 基础知识

第 1 章　概述

1.1　引言

　　模糊逻辑控制自首次介绍[1]，并成功应用于蒸汽锅炉机组[2]，已成为模糊集理论中最活跃、取得成果最多的研究领域之一，这主要得力于它在实际应用中具有两个显著优势[3]：一是设计控制器不需要被控系统的数学模型，二是可以通过实际经验而非复杂数学推导获得令人满意的控制器。此外，模糊控制本身所具有的语词计算和处理不确定性、不精确性和模糊信息的能力[4]，使它成为解决非线性复杂系统控制问题的一种有效方法。迄今为止，它已被广泛应用于多种实际控制领域，如家电控制、生物医药系统控制[3]、蒸汽机控制[2]、机器人控制[5]以及电厂控制[6]等。模糊控制的理论和应用研究已受到了自动控制界学者和工程师们越来越多的关注。

　　在现实生活中及许多工业系统中，空间分布是一显著特征。许多复杂大工业过程，如石油、化工、炼钢、轧钢等在国民经济中占有着极其重要的地位，系统的状态、控制、输出及参数等不但随时间变化，而且也随空间变化[7]。这类系统被称为空间分布系统（Spatially-Distributed System）[8][9]，或者分布参数系统（Distributed Parameter System）[10][11]，系统的动态行为通常可由偏微分或者偏积分－积分方程或积分方程描述等所描述。而在过去几十年中发展起来的经典分布参数系统控制方法，不但需要系统的精确数学模型，并且涉及大量复杂的数学知识[11]，难以在工程实践中得以应用。模糊控制因其自身所具有的两个显著优点，即不需要被控系统的数学模型与可利用人类控制经验，为 DPS 控制问题提供了新的解决途径。

针对 DPS，传统上可根据空间分布性质的不同来设计模糊控制器。当空间分布均匀或者接近均匀时，整体空间可用一个质点来近似，然后对此质点设计传统模糊集合及传统模糊控制器。当空间分布不均匀，而这种空间分布特性又足以用空间上的有限特征点来近似，此时可针对这些特征点设计传统模糊集合及传统模糊控制器。然而，当空间分布不均匀并且这种空间分布特性又不能够以空间上的有限特征点来近似，在这种情况下，基于传统模糊集合的传统模糊控制器已无法提出有效的解决方案。这主要是因为传统模糊集合（参见图 1-1（a））是二域（变量域和隶属度域）信息的集合，没有将表征分布参数性质的空间信息考虑在内，这种固有特性使得传统模糊控制器不能有效地解决 DPS 控制问题[12]。

一种新型的三域模糊集合与三域模糊控制器[12]应运而生。三域模糊集是在传统模糊集的基础上增加了表征空间信息的第三个域，因此称为"三域"（Three Domains，3D）模糊集（其三域为：变量域、隶属度域及空间域，参见图 1-1（b））。三域模糊集在本质上具备了表征空间信息的能力。三域模糊控制器（Three-domain Fuzzy logic controller）是在三域模糊集合的基础上，提出的一种能表征空间信息与处理空间信息的模糊逻辑控制器。三域模糊控制器与传统模糊控制器具有相似结构，由空间模糊化、空间模糊规则推理及去模糊化构成，但却有着其独特的特点，①可将来自空间域上的多个传感器输入作为空间分布输入，采用三域模糊集构造空间信息；②具有能够处理空间信息的模糊规则推理机制；③规则数目不会随着测量传感器的数目增加而增加。在控制策略上，三域模糊控制器能够模拟人类操作员知识或者专家经验从整个空间角度去控制一个空间分布的场。这种新型的三域模糊控制器不但具备了传统模糊控制器的各种优点，而且能有效地表征和处理空间信息，这使得它成为一类具有理论探讨意义和广阔应用前景的模糊控制器。

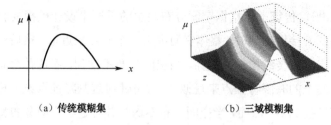

(a) 传统模糊集　　　　　(b) 三域模糊集

x：基本变量　μ：隶属度　z：空间

图 1-1　传统模糊集与三域模糊集

1.2　空间分布动态系统的经典控制方法

在过去的四五十年中，人们对空间分布系统控制问题进行了大量研究，根据处理空间信息的不同，主要分为三类方法：简化法、早期集总化法和后期集总化法。前两类方法，最终都将集总参数控制方法应用于空间分布系统。而第三类方法，则采用了分布参数系统理论来设计控制器。分布参数系统理论主要是基于精确的动态数学模型，应用半群理论、算子方程等，来解决无限维系统问题[8]。

1. 简化法

在实际工程应用中，由于空间分布系统的分布复杂及缺乏合适的测量手段来表征系统的分布特性，人们常把系统的空间分布特性忽略掉，把它简化成为一个集总参数系统，从而使用许多经典的成熟的集总参数控制方法对其进行控制和优化。采用这种简化方法，由于完全忽略了系统所固有的空间分布特性，因而通常得不到理想的控制效果。

2. 早期集总化法

这种方法是将描述空间分布系统的偏微分方程（PDE）和边界条件转换成

常微分方程组,用产生的常微分方程(ODE)组来近似原来的空间分布系统,换言之,用有限维系统近似原来的无限维系统。然后针对产生的有限维系统,应用经典的成熟的集总参数控制方法设计控制器。而有限维系统对无限维系统的逼近程度决定了控制系统的性能。为了使得近似系统有效,一般希望它满足以下要求。

- 相容性。通过某种离散化方法得到的近似系统,当空间增量或者(与)时间增量趋于零时,近似系统能够逼近于原来的系统。
- 收敛性。当空间增量或者(与)时间增量满足一定的条件时,要求近似系统控制问题的准确解收敛于原系统问题的解。
- 稳定性。要求在求解近似系统时,如果在计算的开始就存在误差,在计算过程中,误差的影响能够逐渐消失或者保持有界。

因此,对建立的近似系统必须进行相容性、收敛性和稳定性的分析。有限差分法[13]与有限元法[14]为常用的两种空间离散方法。

① 有限差分方法

将空间域或者(与)时间域划分为差分网格,用有限个网格节点代替连续的空间域或者(与)时间域,用 Taylor 级数展开等方法,把偏微分方程中的导数项用网格节点上的函数值的差商代替进行离散,从而建立以网格节点上的值为未知数的常微分方程组或者代数方程组。对于有限差分格式,从格式的精度来划分,有一阶格式、二阶格式、高阶格式。从差分的空间形式来考虑,可分为中心格式和逆风格式等。有限差分法作为一种重要的数值离散方法,以其求解问题时的易操作性和较大的灵活性,在科学研究和工程计算中得到了广泛应用。

② 有限元方法

将求解区域按一定规则作单位剖分,并在部分集上构造一个具有紧支撑的线性无关测试函数集,再将微分方程在该函数集上积分,然后,微分方程的解就可以表示成为这些测试函数的某种线性组合。有限元的主要优点是:概念浅显,易于掌握,既可以从直观的物理模型来理解,也可以按严格的数学逻辑来研究;适应性强,应用范围广,能成功地分析具有复杂边界条件、非线性、非匀质材料、动力学等难题。

与简化法相比较,早期集总化法虽然存在一定的优势,但也存在一些缺点。例如,为了使得有限维系统能够较好地逼近原系统,那么需要高阶近似,而阶数越高,计算量越大;由执行器与传感器的空间配置问题而产生的可控性、稳定性问题;由于早期空间离散化失去了系统的物理特性,从而导致由此设计的控制器并没有充分利用系统的分布特性等。

3. 后期集总化法

利用分布参数系统理论,根据可控性、稳定性、控制器结构等对系统的全部偏微分方程进行分析、设计控制器,由于有限维控制器实施的需要,最后才对控制器进行集总化的方法。这种方法可充分考虑系统的空间分布特性,采用了一套分布参数系统理论来设计控制器。

① 线性空间分布系统

早在上世纪六十年代,人们便开始了对线性空间分布控制系统的研究,至今在稳定性、能控性、能观性等方面已经形成了比较完善的理论体系。最早系统地从事空间分布系统控制理论研究的是布特柯夫斯基、王耿介、Lions 等人。布特柯夫斯基把集总参数系统控制理论中的极值原理推广到某些空间分布系统中,后来把矩量法应用到空间分布系统的最优控制[15]。王耿介讨论了空间分布系统的稳定性、能控性、能观性以及最优控制问题[16]。Lions 发展了空间分布系统的最优控制和辨识理论[17]。在国内,早在六十年代初期,钱学森、宋健、张学铭、关肇直等已开始从事空间分布系统控制理论及其应用的研究,并取得了一些成果[18][19][20]。随着现代科学技术的发展以及实际工程控制系统设计的需要,空间分布系统控制问题已经成为一个重要研究领域,在这领域相继取得了比较丰富的理论成果。Balas 先后给出了利用早期集总化法与后期集总化法进行线性空间分布系统控制器设计和稳定性分析的结果[21][22][23][24][25]。Byrnes 等针对线性抛物型空间分布系统研究了状态反馈调节问题[26],然后又将输出调节几何理论推广具有有界输入/输出算子的线性空间分布系统[27]。针对线性抛物型空间分布系统,Yoshida 和 Matsumoto 首先使用有限积分变换技术将系统进行降阶,然后针对降阶的耦合状态模型设计了卡尔曼观测器和状态反馈控制器[28]。基于相似的集总化方法,Yoshida 等设计了基于内模调整规则的控制器[29]。Sadek 和 Bokhari 采用了有限差值正交多项式的集总化方法,研究了线性抛物型 PDE 方程的优化控制问题[30]。Lu 和 Fong 研究了包含有未知参数的扰动算子的线性空间分布系统的稳定鲁棒性分析的问题[31]。Reinschke 和 Smith 针对开环不稳定的线性时不变空间分布系统设计了基于 H^∞ 框架的反馈控制器[32]。

② 非线性空间分布系统

近年来,国内外学者对非线性空间分布系统做了大量的分析研究,采用了多种控制方法,包括 PID 控制[33]、模态控制[34]、滑模控制[35]、几何控制[36]、基于 Lyapunov 稳定性控制[37]、基于无限维系统理论的控制[38]、模型预测控制[39]、自适应控制[40]、优化控制[41]等。

虽然利用了丰富的分布参数系统理论来指导控制器设计,由于在实施控制的时候需要对无限维控制解进行近似(如无限级数的截断),因此会存在一定的误差。基于上述的考虑,有些学者针对能够主导空间分布系统的低阶控制方法进行了大量的研究。很多空间分布系统的主导动态行为可以由少量自由度所表征,这使得人们可以利用高级模型降阶技术得到无限维系统的精确低维近似模型。模型降阶技术包括基于数据构建基函数的 Galerkin 方法、非线性 Galerkin 方法[42]等。为此,适用于非线性集总参数系统的一些控制方法,如微分几何[43]和 Lyapunov 技术[44]可以应用于非线性空间分布系统的控制器设计。在过去的十多年,非线性控制理论与非线性无限维系统相结合使得非线性空间分布控制系统在理论和实践上得到一些突破。尤其对于传递反应过程(如抛物型 PDEs)[37]、流体流动(如 Navier-Stokes 方程)[45]及颗粒分布(如群体平衡)[46]这些系统,已经形成了非线性低阶反馈控制综合分析的一般框架。在所设计的框架下,无限维闭环系统的稳定性、性能及鲁棒性均能由低维模型逼近精度所给出。

有些系统,如双曲型空间分布系统,具有能量相近的无限维模态。对于此类系统,就不能利用模型降阶技术,需要采用新的控制方法。针对非线性一阶

PDE 系统，Shang 等采用了特征法设计控制器[47]。他们首先将系统转换成有限个特征 ODEs，沿着柯西数据这些特征 ODEs 可以精确描述原始 PDE 系统；然后，基于这些 ODEs 来设计控制器。Sira-Ramirez 也利用特征法对非线性一阶 PDE 系统设计了滑模控制器[48]。Christofides 和 Daoutidis 则利用几何控制方法对非线性双曲型 PDE 系统设计了输出反馈控制器[49]。Wu 采用了有限差分近似方法设计了低维非线性反馈控制器[50]。

与前两种方法相比，利用后期集总化法设计控制器的主要优势在于：人们可充分考虑系统的空间分布特性，采用一套分布参数系统理论来设计控制器。但是，要设计控制器需要掌握大量的、复杂的、涉及分布参数系统理论的数学知识，这对于很多工程技术人员而言是个巨大的挑战。

1.3　空间分布动态系统的模糊控制方法

迄今为止，绝大多数模糊控制都应用在集总参数系统当中，致力于空间分布系统模糊控制的研究并不多，作者查阅的相关文献包括：

- 在文献[51]中，针对柔性机械臂，Lin 等设计了分层模糊控制器，此控制器的设计需要被控对象的数学模型。
- 在文献[52]中，针对活塞流管式反应器，Sagias 等设计了模糊自适应控制器，此控制器的设计需要被控对象的精确偏微分方程模型。
- 在文献[53]中，针对柔性机械臂，Sooraksa 和 Chen 首先应用 Timoshenko 理论得到了被控对象的数学模型，然后根据此模型设计了两个模糊 PI+D 控制器，一个用于目标跟踪，另外一个用于消除振动。
- 在文献[54]中，针对柔性机械臂，Akbarzadeh-T 考虑系统的分布特性，设计了具有上、下两层结构的递阶模糊控制器。其上层为模糊分类器，用于空间特征抽取；底层为传统的模糊控制器，用于目标跟踪。

值得注意的是，上述文献提到的模糊控制方法大多没有脱离系统数学模型,仍未从本质上将模糊控制用于空间分布系统的控制。

1.4 处理空间信息的传统模糊控制方案

1. 传统两项输入模糊控制(Traditional Two-Term 模糊控制器)

在很多工程应用中,人们通常忽略空间分布系统的空间分布特性,将空间分布系统简化为集总参数系统。在此情况下,通常只需要一个传感器用于信息的测量,因而可以采用如图 1-2 所示的传统两项输入模糊控制器。把来自测量点的误差 e 和误差变化量 r 作为控制器的输入,构造一个具有如下结构的二维模糊规则库,即

图 1-2 传统两项输入模糊控制器

$$R^j: \text{If } e \text{ is } E^j \text{ and } r \text{ is } F^j \text{ Then } u \text{ is } K^j \quad (1-1)$$

其中,R^j 为第 j 条规则,$j = 1, 2, \cdots, M_1'$,M_1' 为规则数目;E^j、F^j 和 K^j 均为传统模糊集;u 为控制行为。

由于忽略空间分布系统的空间分布特性而仅采用一个测量点,两项输入模糊控制器不能从本质上解决具有空间分布的控制问题,因而并不能取得满意的控制性能。

2. 传统多变量模糊控制(Traditional Multivariate 模糊控制器)

为了提高空间分布系统的控制性能,需要考虑系统的空间分布特性,因而在空间上配置更多的传感器获取空间信息,进而多变量模糊控制可以利用和处理这些空间信息。

① 传统 MISO 模糊控制

将来自空间上多个测量点的误差 $e_1, e_2, \cdots, e_p$ 和误差变化量 $r_1, r_2, \cdots, r_p$ 作为控制输入,采用如图 1-3 所示的 MISO 多变量模糊控制结构,使用如下结构的

$2p$ 维模糊规则库[55]

$Rule^j$: If e_1 is E_1^j and $\cdots$ and e_p is E_p^j and r_1 is F_1^j and $\cdots$ and r_p is F_p^j （1-2）
　　　　Then u is K^j

其中，$Rule^j$ 为第 j 条规则，$j=1,2,\cdots,M_2'$，M_2' 为规则数目；E_i^j、F_i^j（$i=1,\cdots,p$）和 K^j 均为传统模糊集；u 为控制行为。

图 1-3　传统 MISO 多变量模糊控制

MISO 多变量模糊控制虽然可以利用空间信息，然而，它的实现却是以指数增长的规则库作为代价的，即当增加测量传感器时，规则数呈指数增长。例如，如果来自每个测量传感点的误差输入 e_i 及误差变化量输入 r_i 均设计有 m_0 个语言值，则构建一个完整的模糊控制器共需要 m_0^{2p} 条规则。为了解决 MISO 多变量模糊控制本身所固有的规则爆炸问题，随后产生了很多处理方法，如函数关系的辨识、传感器融合、规则分层、插值等。下面，仅介绍其中两种代表性的方法：具有平均输入的传统模糊控制和分层模糊控制[56]。

② 具有平均输入的传统两项输入模糊控制

将空间上所有测量信息取平均之后再作为控制器的输入，然后采用与上述相似的两项输入模糊控制。此方法，在某种程度上可以解决 MISO 传统模糊控制规则爆炸的缺陷。具有平均的测量输入，它可设计有如图 1-4 所示的控制结构，采用具有下列结构的二维模糊规则库

$$R_a^j: \text{If } e_a \text{ is } E_a^j \text{ and } r_a \text{ is } F_a^j \text{ Then } u \text{ is } K^j \quad (1\text{-}3)$$

其中，R_a^j 为第 j 条规则，$j=1,2,\cdots,M_3'$，M_3' 为规则数目；$e_a=(e_1+\cdots+e_p)/p$ 与 $r_a=(r_1+\cdots+r_p)/p$ 分别为来自所有测量点的误差及误差变化量的平均值；E_a^j、F_a^j 及 K^j 均为传统模糊集；u 为控制行为。

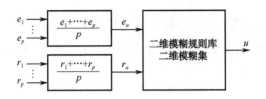

图 1-4 具有平均输入的传统两项输入模糊控制

③ 分层模糊控制

分层模糊控制系统是由多个低维模糊系统以分层的方式连接而成的模糊系统[57]。图 1-5 给出一个典型分层模糊控制结构,此模糊系统的总规则数是与输入变量的数目呈线性增长关系[57]。分层模糊控制解决了 MISO 多变量模糊控制规则爆炸的问题。

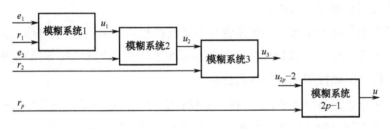

图 1-5 典型分层模糊控制结构

总而言之,由于传统两项输入模糊控制器仅利用一个传感器的测量信息,并且忽略了空间分布系统的空间分布特性,因而其并不能很好地解决具有空间分布的控制问题;传统 MISO 多变量模糊控制器虽然可以利用更多的传感测量信息,但是却存在着规则爆炸的问题;具有平均测量输入的传统两项输入模糊控制器在某种程度上克服了规则爆炸的问题,然而它并不具有本质上处理空间信息的能力;采取分层模糊控制策略可以极大减少规则数目,然而,每条规则变得更加复杂,从本质上来看,分层模糊控制策略是将规则前件(IF 部分)的复杂性转移到后件(THEN 部分)[57]。

实际上,无论采取哪种传统模糊控制器(两项输入或者多变量),传统模糊控制器都不能从本质上解决空间分布系统的控制问题,原因在于它们均是基于传统二维模糊集的模糊控制器。传统模糊集仅设计有两个坐标轴,分别用于变量和隶属度，这种模糊集的结构并不能有效地表达空间信息。而基于此模糊集的模糊控制器所执行的传统模糊推理操作，并不能有效地处理空间信息。

1.5 本篇主要工作

本篇的工作主要集中在三域模糊集合、三域模糊控制策略和三域模糊控制器的设计上。

第 2 章介绍空间分布动态系统的特性与偏微分方程的分类，重点介绍四个典型的空间分布系统实例。

第 3 章着重介绍三域模糊集合与三域模糊控制策略，包括三域模糊集合的定义与运算法则、三域模糊集合与其他模糊集合的区别比较、三域模糊控制策略与传统模糊控制策略的区别比较。

第 4 章给出本篇主要工作，在三域模糊集合与三域模糊控制策略的基础上提出三域模糊控制器的框架结构，详细讨论每部分的构成，并给出设计步骤。

结合实例给出基于专家经验设计三域模糊控制器的方法。

最后，本篇小结对已取得的研究成果进行简单的总结。

第2章 空间分布动态系统

2.1 系统概述

1. 空间分布动态系统特性

从本质上而言，很多物理过程都具有空间分布特性，即系统状态、变量和参数既是时间的函数，又是空间的函数。不同于用常微分方程描述的集总参数系统，空间分布系统的状态空间是一个无穷维函数空间，其在任意时刻的状态是空间位置的函数，因此这类系统的动态行为通常可以由偏微分或者偏积分－积分方程或积分方程描述等所描述。例如，图 2-1 所示的复杂空间分布系统可由下列一般 n 阶非线性偏微分方程来表示[58]。

$$F\left(z,t,x,\frac{\partial x}{\partial z},\frac{\partial x}{\partial t},\frac{\partial^2 x}{\partial z^2},\frac{\partial^2 x}{\partial t^2},\cdots,\frac{\partial^n x}{\partial z^n},\frac{\partial^n x}{\partial t^n}\right)=0 \qquad (2\text{-}1)$$

式（2-1）中，z 与 t 均为独立变量，$z\in[l_a,l_b]$ 表示为空间变量，l_a 与 l_b 均为常数，$t\geq 0$ 表示为时间变量，x 为因变量，$F(\cdot)$ 是关于独立变量 z 与 t、因变量 x 以及 x 关于独立变量直到阶数为 n 的偏导数的非线性函数。系统中设有 L 个点式控制源和 p 个点式传感器。因变量 x 的空间分布信息通过传感器在离散点 $z_1,\cdots,z_p$ 测量获取，控制量则是通过控制源 $u_1,\cdots,u_L$ 进入系统，此系统提出了一类调整空间分布变量的控制问题。

2. 偏微分方程的分类

偏微分方程的分类有多种，本节主要讨论现实中普遍存在的二阶偏微分方程。令式（2-1）中的阶数 n 为 2，并且假设 $F(\cdot)$ 可以写成下列多项式形式。

$$\underline{a}(x,z,t)\frac{\partial^2 x}{\partial t^2}+\underline{b}(x,z,t)\frac{\partial^2 x}{\partial t \partial z}+\underline{c}(x,z,t)\frac{\partial^2 x}{\partial z^2}+f\left(x,z,t,\frac{\partial x}{\partial z},\frac{\partial x}{\partial t}\right)=0 \quad (2\text{-}2)$$

其中，$\underline{a}(\cdot)$、$\underline{b}(\cdot)$ 及 $\underline{c}(\cdot)$ 均为关于 x、z、t 的函数，$f(\cdot)$ 为关于 x、z、t、$\dfrac{\partial x}{\partial z}$、$\dfrac{\partial x}{\partial t}$ 的函数。

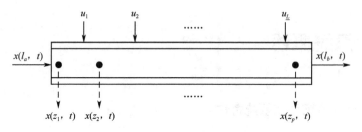

图 2-1 空间分布系统结构示意图

对于式（2-2）所代表的偏微分方程，根据系统判别式一般可分为以下三类[59]。

当 $\underline{b}^2-4\underline{ac}<0$，为椭圆型；

当 $\underline{b}^2-4\underline{ac}=0$，为抛物线型；

当 $\underline{b}^2-4\underline{ac}>0$，为双曲线型。

其实，现实中很多空间分布的过程，如工业化学反应过程[37]、半导体制造过程[60]、热处理过程[61]、非线性弥散过程[62]等，代表它们动态行为的数学描述都可由式（2-2）来表示，其具体输入输出动力学特性可由下列二阶非线性偏微分方程所表示。

$$\frac{\partial^m y(z,t)}{\partial t^m}=\Upsilon y(z,t)+h(y)+\lambda b(z)U(t)$$
$$l_a \leq z \leq l_b, t \geq 0 \quad (2\text{-}3)$$
$$m=1 \text{ or } 2$$

其中，$y(z,t)$ 为输出量；Υ 为线性空间微分算子，其涉及一阶或二阶空间导数（$\partial/\partial z, \partial^2/\partial z^2$）并在 Hilbert 空间稠密；$h(y)$ 为非线性函数；λ 为一恒定矢量；$U=[u_1\ u_2\ \cdots\ u_L]^T \in IR^L$ 为操纵输入矢量（多个控制源）；$b(z)=[b_1(z) b_2(z)\cdots b_L(z)]^T \in IR^L$ 为关于 z 的已知光滑函数，它描述了 U 在空间域 $[l_a, l_b]$ 上的分布

情况。

通常，式（2-3）所代表的系统还受边界条件及初始条件的制约。例如，当 $m=1$ 时，它的边界条件可有如下表示形式。

$$\phi_{a1}y(l_a,t)+\phi_{a2}\frac{\partial y(l_a,t)}{\partial z}=\phi_{a3}$$
$$\phi_{b1}y(l_b,t)+\phi_{b2}\frac{\partial y(l_b,t)}{\partial z}=\phi_{b3}$$

（2-4）

它的初始条件可表示为

$$y(z,0)=y_0(z)$$

（2-5）

其中，ϕ_{a1}、ϕ_{a2}、ϕ_{a3}、ϕ_{b1}、ϕ_{b2} 及 ϕ_{b3} 均为常数；$y_0(z)$ 为已知函数。

由式（2-3）所表达的空间分布物理过程，有的过程具有较强的对流特性，有的过程具有较强的扩散特性，有的过程对流及扩散特性都很强。它们均提出一类涉及空间分布特性的控制问题。为此，人们需要设计出一种能够处理空间信息的控制器，其通过空间测量传感器获取信息，通过空间分布的执行器作用于系统，使得被控变量能够跟踪某空间分布曲线、达到某空间均匀性等。

2.2 四个典型系统

本节将介绍四个典型空间分布系统，作为后续章节中研究方法的仿真实例。

2.2.1 填充床催化反应器

如图 2-2 所示，在一个非等温填充床催化反应器[11][63][64]里注入气体反应物，在固态催化剂上发生由 $C \rightarrow D$ 形式的反应。此反应是个吸热过程，因此需要采用一个夹套为其加热。忽略气相扩散现象，假设催化剂和气体反应物的密度和热容量是恒定的，并且反应器内的 C 物是过量的，则此反应过程的动态数学模型可表示为下式。

$$\begin{cases} \varepsilon_p \dfrac{\partial T_g}{\partial t} = -\dfrac{\partial T_g}{\partial z} + \alpha_c(T_s - T_g) - \alpha_g(T_g - u) \\ \dfrac{\partial T_s}{\partial t} = \dfrac{\partial^2 T_s}{\partial z^2} + B_0 \exp\left(\dfrac{\gamma_0 T_s}{1 + T_s}\right) - \beta_c(T_s - T_g) - \beta_p(T_s - b(z)u) \end{cases} \quad (2\text{-}6)$$

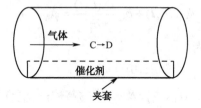

图 2-2 填充床催化反应器简图

具有下列边界条件：

$$\begin{cases} z = 0,\ T_g = 0,\ \dfrac{\partial T_s}{\partial z} = 0 \\ z = 1,\ \dfrac{\partial T_s}{\partial z} = 0 \end{cases} \quad (2\text{-}7)$$

式（2-6）和式（2-7）两式中 t 与 z 分别为无量纲的时间与空间；T_g、T_s 与 u 分别为无量纲的气体温度、催化剂温度与夹套温度（操纵变量），过程的参数具有如下数值[64]：

$$\varepsilon_p = 0.01,\ \gamma_0 = 21.14,\ \beta_c = 1.0,\ \beta_p = 15.62,\ B_0 = -0.003,\ \alpha_c = 0.5,\ \alpha_g = 0.5.$$

控制问题为通过调整夹套温度来控制催化剂的温度（如沿着反应器长度维持恒定的催化剂温度）从而维持理想的反应率[64]。

2.2.2　棒式催化反应器

往如图 2-3 所示的一个长而细的棒式反应器[37][65]里注入反应物 A，在棒上发生由 $A \to B$ 形式的零阶催化反应，此反应是个放热过程，因此需要采用一个与棒接触的装置使其冷却。假设棒的密度、热容量及传导率均为恒定的，棒的两端温度是恒定的，并且反应器内反应物 A 是过量的，则此反应过程的动态数学模型可表示为下式。

$$\frac{\partial T_a(z,t)}{\partial t} = \frac{\partial^2 T_a(z,t)}{\partial z^2} + \beta_T e^{-\sigma_a/(1+T_a(z,t))} + \beta_U(b(z)u(t)-T_a(z,t)) - \beta_T e^{-\sigma_a} \quad (2\text{-}8)$$

具有下列边界条件和初始条件：

$$\begin{cases} T_a(z,t)=0 & z=0 \\ T_a(z,t)=0 & z=\pi \\ T_a(z,t)=T_{a0}(z) & t=0 \end{cases} \quad (2\text{-}9)$$

其中，β_T 为无量纲的反应热；σ_a 为无量纲的活化能；β_U 为无量纲的传热系数；$T_a(z,t)$ 为棒的无量纲温度，$z\in[0,\pi]$；$T_{a0}(z)$ 为初始温度；$b(z)$ 为冷却源的空间分布；$u(t)$ 为操纵输入。

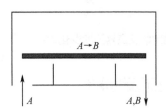

图 2-3 催化反应器示意图

本例中，采用一个点式冷却源，将其安置在棒的中心位置，即 $b(z)=\delta(z-0.5\pi)$，此处 $\delta(\cdot)$ 为 Dirac delta 函数。为了简单和方便起见，采用了 5 个点式传感器获取棒的温度 T，将其沿着棒长度安置在位置 $z'=\left[\dfrac{\pi}{8}\ \dfrac{\pi}{4}\ \dfrac{\pi}{2}\ \dfrac{3\pi}{4}\ \dfrac{7\pi}{8}\right]$ 上。过程参数具有如下数值：$\beta_T=50.0$，$\beta_U=2.0$，$\sigma_a=4.0$。可以验证，空间均匀的稳态 $T_a(z,t)=0$ 是个不稳定的稳态[37]。如图 2-4 所示，当棒温度的初值稍微偏离 $T_a(z,t)=0$，假设初值 $T_{a0}(z)=\sin(z)$，在没有任何控制的情况下，棒温度将会随着时间变化达到一个空间不均匀的稳态。因此，为了维持理想的反应率,本反应过程的控制目标就是通过使用棒温度的多点测量数据及操纵点式冷却源的输入大小使得棒的温度稳定在空间均匀的工作点 $T_a(z,t)=0$。

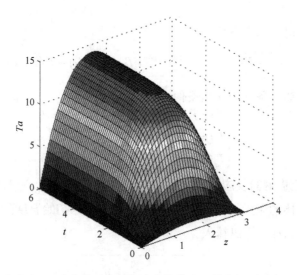

图 2-4　不稳定的反应器温度变化曲线（$T_{a0}(z)=\sin(z)$）

2.2.3　非等温填充床反应器

以一个非等温填充床反应器为例[11][36]。如图 2-5 所示，从反应器的左端注入反应物 A，在反应器里发生由 $A \to B$ 形式的反应。此反应是个吸热过程，因此需要采用一个夹套为其加热。在标准的建模假设下，此反应过程的动态模型可以表示为下列形式。

$$\begin{cases} \dfrac{\partial T_r}{\partial t} = -\dfrac{\partial T_r}{\partial z} + \dfrac{1}{P_{eT}}\dfrac{\partial^2 T_r}{\partial z^2} - B_T B_C C_A \exp\left(\dfrac{\gamma_r T_r}{1+T_r}\right) + \beta_T(u - T_r) \\ \dfrac{\partial C_A}{\partial t} = -\dfrac{\partial C_A}{\partial z} + \dfrac{1}{P_{eC}}\dfrac{\partial^2 C_A}{\partial z^2} - B_C C_A \exp\left(\dfrac{\gamma_r T_r}{1+T_r}\right) \end{cases} \quad (2\text{-}10)$$

具有下列边界条件，即

$$\begin{cases} z = 0, \quad P_{eT} T_r = \dfrac{\partial T_r}{\partial z},\ P_{eC}(C_A - 1) = \dfrac{\partial C_A}{\partial z} \\ z = 1, \quad \dfrac{\partial T_r}{\partial z} = 0,\ \dfrac{\partial C_A}{\partial z} = 0 \end{cases} \quad (2\text{-}11)$$

其中，t 与 z 分别为无量纲时间和空间；T_r 与 C_A 分别为反应器的无量纲温度及

反应器内反应物 A 的无量纲浓度；P_{eT} 与 P_{eC} 分别为能量 Peclet 数与质量 Peclet 数；B_T 与 B_C 分别为无量纲的反应热与指前因子；γ_r 为无量纲的活化能；β_T 为无量纲的传热系数；u 为无量纲的夹套温度（操纵输入），它在空间均匀分布。过程的参数具有如下数值[36]：

$$P_{eT} = 5.0, \ P_{eC} = 5.0, \ B_C = 0.00001, \ B_T = 1.0, \ \beta_T = 15.62, \ \gamma_r = 22.14 。$$

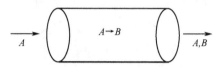

图 2-5 非等温填充床反应器示意图

本反应过程的控制目标为通过调整夹套温度来控制反应器的温度（如沿着反应器长度维持一定的反应器温度）从而维持理想的反应率。在本例，此反应器开始工作在某稳定的工作点，因工况的要求，将其温度设定值减少了 8%，那么控制目标就是使得整个空间上的反应器温度能够很好地跟踪新的设定值。此反应器仅可测量到反应器温度。为了方便简单起见，采用 5 个点式传感器获取反应器温度 T，将其沿着反应器长度安置在位置 $z' = [0\ 0.25\ 0.5\ 0.75\ 1]$ 上。

2.2.4 三区快速加热化学气相沉积（RTCVD）反应器

三区快速加热化学气相沉积（RTCVD）反应器[66][67]是用于高级电子材料处理的一个关键设备。该反应器的结构如图 2-6 所示。炉体上设计有三个区的加热灯组（A、B 及 C）：灯组 A 位于炉体的顶部，是个主要加热灯组，其可对晶圆的所有面积进行加热；灯组 B 位于炉体的侧边，主要加热晶圆的边缘，其可用来补偿晶圆边缘的能量损失；灯组 C 位于炉体的侧边，可以对晶圆平均温度进行粗调。混合有 10%硅烷的氩气从炉体顶部进入反应器，然后硅烷在反应器内分解成硅和氢气，过程的目标是在晶圆表面上均匀沉积 0.5 微米厚的多晶硅薄膜。当晶圆的温度接近于 800K 甚至更高时，才能产生多晶硅的沉积。于是通过控制三区灯组的功率来加热晶圆温度，使得晶圆表面在短时内均匀沉积 0.5 微米厚的多晶硅薄膜。由于多晶硅薄膜的均匀度直接取决于晶圆温度的均匀度，因此本过程的控制目标是使得晶圆温度快速到达设定的温度并且在空间上维持尽可能好的均匀沉积。

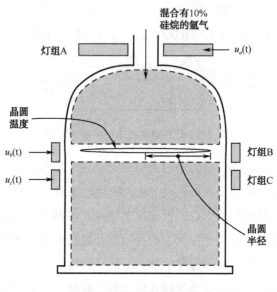

图 2-6　RTCVD 系统结构

由于反应器处于相对较低的操作压力，从晶圆到气相的热传递可以忽略。由多晶硅沉积反应产生的热量而引起的温度变化相对于晶圆的热传导和热辐射较小，也可以忽略掉。由于晶圆上下表面温差非常小，并且加热时晶圆缓慢旋转，因此假设晶圆温度只在径向方向上是变化的。基于上述的观察和假设，晶圆在径向方向上的热动态特性可以由下列偏微分方程来表示[67]。

$$\frac{\partial T_r}{\partial t} = \kappa_0 \left(\frac{1}{r} \frac{\partial T_r}{\partial r} + \frac{\partial^2 T_r}{\partial r^2} \right) + \sigma_0 (1 - T_r^4) + \omega_r q_a(r) u_a + \omega_r q_b(r) u_b + \omega_r q_c(r) u_c \quad (2\text{-}12)$$

具有下列的边界条件，即

$$\begin{aligned} \frac{\partial T_r}{\partial r} &= \sigma_{ed}(1 - T_r^4) + q_{ed} u_b & \text{当 } r = 1 \\ \frac{\partial T_r}{\partial r} &= 0 & \text{当 } r = 0 \end{aligned} \quad (2\text{-}13)$$

在式（2-12）和式（2-13）两式中，$T_r = T_r'/T_{amb}$ 表示无量纲的晶圆温度，其中 T_r' 表示实际晶圆温度，$T_{amb}=300K$ 表示环境温度；$r = r'/R_w$ 表示无量纲的晶圆径向位置，其中 r' 表示实际晶圆径向位置，$R_w=7.6cm$ 表示晶圆半径；t 表示无量纲的时间；$q_a(r)$、$q_b(r)$ 及 $q_c(r)$ 分别表示加热灯组（A、B 及 C）在位置 r 处的辐射热流量，在径向方向上的辐射热流量分布[66]可参见图 2-7；u_a、u_b 及 u_c 分别表示加热灯组（A、B 及 C）所使用功率的百分数。式（2-12）和式（2-13）两式中的参数具有如下数值[67]。

$\kappa_0 = 0.0021$，$\sigma_0 = 0.0012$，$\sigma_{ed} = 0.0037$，$q_{ed} = 4.022$，$\omega_r = 0.0256$。

从式（2-12）和（2-13）可以看出，晶圆温度 T_r 是随时间、空间变化的量，它是 r 与 t 的函数。控制目标就是通过调整 u_a、u_b 及 u_c 的大小，使得 T_r' 在整个晶圆半径上能够快速均匀地达到设定温度值 1000K。

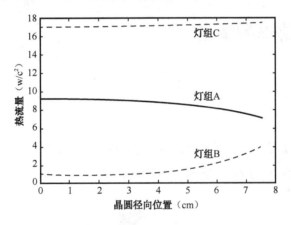

图 2-7　三区加热灯组热辐射流量分布

第 3 章 三域模糊集合与三域模糊控制策略

与其他模糊集合相比,三域模糊集合具备表征空间信息的能力。基于三域模糊集合,采用三域模糊控制策略可以从整个空间上控制一个空间分布的场。

3.1 三域模糊集合

3.1.1 定义

三域模糊集是在传统模糊集的基础上,通过增加空间一维来表达空间信息而构成的,如图 3-1 所示,它的具体定义如下。

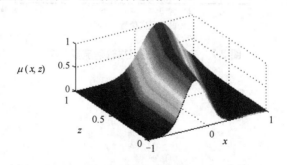

图 3-1 三域模糊集

定义 3.1 三域模糊集[12],定义在论域 X 和一维空间 Z 上的三域模糊集 $\overline{V}$

可由下式来表示，即
$$\overline{V} = \{(x,z), \mu_{\overline{V}}(x,z) \mid \forall x \in X, z \in Z\}$$

其中，$\mu_{\overline{V}}(x,z)$ 是与 x 和 z 有关的空间隶属度，$0 \leq \mu_{\overline{V}}(x,z) \leq 1$。

当 X 与 Z 均连续时，$\overline{V}$ 通常可写成
$$\overline{V} = \prod_{z \in Z} \prod_{x \in X} \mu_{\overline{V}}(x,z)/(x,z)$$

其中，$\prod\prod$ 表示 X 和 Z 上隶属度为 $\mu_{\overline{V}}(x,z)$ 的所有连续点 x 与 z 的集合。

当 X 与 Z 均离散时，$\overline{V}$ 通常可写成
$$\overline{V} = \sum_{z \in Z} \sum_{x \in X} \mu_{\overline{V}}(x,z)/(x,z)$$

其中，$\sum\sum$ 表示 X 和 Z 上隶属度为 $\mu_{\overline{V}}(x,z)$ 的所有离散点 x 与 z 的集合。

3.1.2 运算法则

根据三域模糊集的定义，可以给出三域模糊集的运算法则。

令 $\overline{W_1} = \{(x,z), \mu_{\overline{W_1}}(x,z) \forall x \in X, z \in Z\}$ 及 $\overline{W_2} = \{(x,z), \mu_{\overline{W_2}}(x,z) \mid \forall x \in X, z \in Z\}$ 为两个三域模糊集。

定义 3.2 三域模糊集的并，两个三域模糊集 $\overline{W_1}$ 和 $\overline{W_2}$ 的并 $\overline{W_1} \cup \overline{W_2}$ 可由下式给出，即
$$\overline{W_1} \cup \overline{W_2} = \left\{(x,z), \mu_{\overline{W_1} \cup \overline{W_2}}(x,z)\right\} \forall x \in X, z \in Z$$

其中，$\mu_{\overline{W_1} \cup \overline{W_2}}(x,z) = S(\mu_{\overline{W_1}}(x,z), \mu_{\overline{W_2}}(x,z))$，$S(\cdot,\cdot)$ 为 t-conorm 操作。

定义 3.3 三域模糊集的交，两个三域模糊集 $\overline{W_1}$ 和 $\overline{W_2}$ 的交 $\overline{W_1} \cap \overline{W_2}$ 可由下式给出，即
$$\overline{W_1} \cap \overline{W_2} = \left\{(x,z), \mu_{\overline{W_1} \cap \overline{W_2}}(x,z)\right\} \forall x \in X, z \in Z$$

其中，$\mu_{\overline{W_1} \cap \overline{W_2}}(x,z) = T(\mu_{\overline{W_1}}(x,z), \mu_{\overline{W_2}}(x,z))$，$T(\cdot,\cdot)$ 为 t-norm 操作。

定义 3.4 三域模糊集的补，三域模糊集 $\overline{W_1}$ 的补 $\overline{\overline{W_1}}$ 可由下式给出，即
$$\overline{\overline{W_1}} = \left\{(x,z), \mu_{\overline{\overline{W_1}}}(x,z)\right\} \forall x \in X, z \in Z$$

其中，$\mu_{\overline{\overline{W_1}}}(x,z) = 1 - \mu_{\overline{W_1}}(x,z)$。

3.2 三域模糊集合与其他模糊集合的比较

如图 3-2 所示,(a)为传统模糊集(b)为 type-2 模糊集(c)为区间值模糊集(d)为三域模糊集。

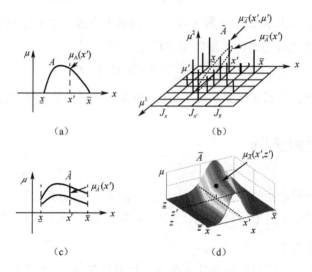

图 3-2 四种模糊集的比较

3.2.1 传统模糊集

传统模糊集也称为 type-1 模糊集[68],是由 Zadeh 教授于 1965 年提出来的概念[69]。通过隶属度函数,它可将模糊不确定性的问题转化为确定性的问题,为语义计算提供了一个有效途径。

令 A 为一传统模糊集,其具有二维隶属度函数,如图 3-2(a)所示,它具有两个坐标轴 x 与 μ,其中 x 表示定义在论域 $X \subset IR$ 上的基本变量(如温度、身高等),μ 表示定义在论域[0, 1]上的点值隶属度,$\mu \in [0,1]$。传统模糊集 A 可表示为

$$A = \{(x, \mu_A(x)) | \forall x \in X\} \quad 0 \leq \mu_A(x) \leq 1$$

则传统模糊集 A 在点 $x' \in X$ 上的隶属度表示为 $\mu_A(x')$。

3.2.2　type-2 模糊集

type-2 模糊集是传统模糊集的扩展,它是由 Zadeh 教授于 1975 年提出来的概念[70]。传统模糊集虽然可以在一定程度上表示系统的不确定性(如语言),然而,一旦确定好它的隶属度函数,由隶属度函数所代表的传统模糊集完全是清晰的,因此,用传统模糊集来表示不确定信息具有局限性。为此,type-2 模糊集在传统模糊集的基础上增加一维,使得隶属度本身是模糊的,即模糊的模糊集。

令 $\tilde{A}$ 是一 type-2 模糊集,其具有三维的隶属度函数,如图 3-2(b)所示,具有三个坐标轴 x、μ^1 与 μ^2,其中 x 表示定义在论域 $X \subset IR$ 上的基本变量,μ^1 表示定义在论域 $J_x \subseteq [0,1]$ 上的主隶属度,μ^2 表示定义在论域 $[0, 1]$ 上的次隶属度。type-2 模糊集 $\tilde{A}$ 可表示为[71]

$$\tilde{A} = \{((x,\mu^1),\mu^2) \mid \forall x \in X, \forall \mu^1 \in J_x \subseteq [0,1]\}$$
$$= \{((x,\mu^1),f_x(\mu^1)) \mid \forall x \in X, \forall \mu^1 \in J_x \subseteq [0,1]\}$$
$$= \{((x,\mu^1),\mu_{\tilde{A}}(x,\mu^1)) \mid \forall x \in X, \forall \mu^1 \in J_x \subseteq [0,1]\}$$

其中,$f_x(\mu^1) = \mu_{\tilde{A}}(x,\mu^1)$ 为次隶属度函数,$0 \leq \mu_{\tilde{A}}(x,\mu^1) \leq 1$。则 type-2 模糊集 $\tilde{A}$ 在点 $x' \in X$ 上的隶属度表示为

$$\mu_{\tilde{A}}(x') = \{(\mu^1,\mu^2) \mid \forall \mu^1 \in J_{x'} \subseteq [0,1]\} = \{(\mu^1,f_{x'}(\mu^1)) \mid \forall \mu^1 \in J_{x'} \subseteq [0,1]\}$$

3.2.3　区间值模糊集

区间值模糊集也是传统模糊集的扩展,它仍然具有两个坐标轴,不同之处在于它的隶属度不是闭区间 $[0,1]$ 的一个点值,而是一个区间值。如图 3-2(c)所示,区间值模糊集 $\hat{A}$ 的两个坐标轴分别为 x 与 μ,其中 x 表示定义在论域 $X \subset IR$ 上的变量,μ 表示包含于闭区间 $[0, 1]$ 的区间值隶属度,区间值模糊集

$\hat{A}$ 可表示为[72]

$$\hat{A} = \{(x, \mu_{\hat{A}}(x)) \mid \forall x \in X\} = \{(x, [\mu_{\hat{A}}^-(x), \mu_{\hat{A}}^+(x)]) \mid \forall x \in X\}$$

其中，$0 \leq \mu_{\hat{A}}^-(x) \leq 1$，$0 \leq \mu_{\hat{A}}^+(x) \leq 1$，$\mu_{\hat{A}}^-(x) \leq \mu_{\hat{A}}^+(x)$。则区间值模糊集 $\hat{A}$ 在点 $x' \in X$ 上的隶属度表示为

$$\mu_{\hat{A}}(x') = [\mu_{\hat{A}}^-(x'), \mu_{\hat{A}}^+(x')]。$$

对比 type-2 模糊集，可以发现区间值模糊集是 type-2 模糊集的一个特例，即令 type-2 模糊集 $\tilde{A}$ 在点 $x \in X$ 上的所有次隶属度均为 1。在文献[71]中，其称为区间 type-2 模糊集。

3.2.4 四种模糊集合比较

从上面的模糊集定义和图 3-2 可以发现，针对一个基本变量 x，传统模糊集与区间值模糊集均只有两个坐标轴，它们均采用二维隶属度函数，这种结构难以直接表达空间信息。type-2 模糊集作为传统模糊集的扩展，具有三个坐标轴，采用了三维隶属度函数。增加的一维，使得 type-2 模糊集成为模糊的模糊集，它可以表达基于规则推理的模糊系统多种不确定性，如规则中的前件与后件中所使用词语含义的不确定（不同的人对不同词语的理解会不同）、由众多专家对同一条规则投票表决的结果产生的不确定、测量信息含有噪声产生的不确定等[68]。尽管 type-2 模糊集具有三维隶属度函数，由于它仅是在传统二维隶属度函数的基础上增加了表达不确定信息的第三维，使得传统隶属度由清晰变得模糊，因而这种结构仍然不具有表征空间信息的能力。三域模糊集，虽然也是传统模糊集的扩展，具有与 type-2 模糊集相似的三维隶属度函数，但其与 type-2 模糊集不同之处在于，增加的一维，使得传统模糊集具备了表征空间信息的能力，如图 3-2（d）所示。

3.3 模糊控制策略

3.3.1 传统模糊控制策略

如图 3-3 所示的单控制源空间分布系统，其中 u 为空间分布的源，$z_1,z_2,\cdots,z_p$ 为 p 个点式传感器在空间上的位置。

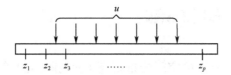

图 3-3　单控制源空间分布系统示意图（具有分布源 u 及 p 个点式传感器）

在解决此空间分布系统的控制问题时，传统模糊控制器通常可采用如图 3-4 所示的 MISO 模糊控制策略。假设将来自每个测量点处的误差和误差变化量作为控制输入，MISO 模糊控制策略可由下列控制规则来实现。

$$R^j: \text{If } e_1 \text{ is } E_1^j \text{ and } \cdots \text{and } e_p \text{ is } E_p^j \text{ and } r_1 \text{ is } F_1^j \text{ and } \cdots \text{and } r_p \text{ is } F_p^j \\ \text{Then } u \text{ is } K^j \tag{3-1}$$

其中，R^j 为第 j 条规则，$j=1,2,\cdots,M_1$，M_1 为规则数目；e_i 和 r_i（$i=1,\cdots,p$）分别为来自传感测量点 $z=z_i$ 的误差及误差变化量；E_i^j、F_i^j 和 K^j 均为传统模糊集；u 为控制行为。

对于来自每个测量传感器点的输入，基于传统模糊控制策略的控制器均将其转换成传统二维模糊输入，然后，执行传统模糊推理机制得到传统模糊输出。这种基于传统模糊集的模糊控制策略实质上是操纵每个空间点上的行为，如图 3-4 所示。

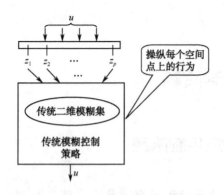

图 3-4 传统 MISO 模糊控制策略

3.3.2 三域模糊控制策略

在解决具有单控制源的空间分布系统（参见图 3-3）的控制问题时，基于三域模糊集的模糊控制策略可使得控制器能够像人类操作员一样从整个空间角度去控制一个空间分布的场[12]，如图 3-5 所示[73]。假设将来自每个测量点处的误差和误差变化量作为控制输入，基于三域模糊集的模糊控制策略可由下列控制规则来实现。

$$\overline{R}^l: \text{If } e(z) \text{ is } \overline{E}^l \text{ and } r(z) \text{ is } \overline{F}^l \text{ Then } u \text{ is } K^l \tag{3-2}$$

其中，$\overline{R}^l$ 为第 l 条规则，$l=1,2,\cdots,M_2$，M_2 为规则数目；$e(z)$ 和 $r(z)$ 分别为空间误差输入和空间误差变化量输入，它们在离散的空间域 $Z=\{z_1,\cdots,z_p\}$ 上可分别表示为 $\{e_1,\cdots,e_p\}$ 和 $\{r_1,\cdots,r_p\}$，其中 $e_i=e(z_i)$ 及 $r_i=r(z_i)$，$(i=1,\cdots,p)$；$\overline{E}^l$ 和 $\overline{F}^l$ 均为三域模糊集；u 为控制行为；K^l 为传统模糊集。

式（3-2）表达了基于三域模糊集的模糊控制律，又称为空间模糊规则，它模拟了人类控制知识，将空间域上的分布信息作为一个整体来考虑。虽然式（3-2）表示的规则结构与式（3-1）表示的规则结构相似，但式（3-2）在空间域上就像一个中心控制率。在此规则结构下，增加测量传感器的数量，可以增加获取的空间信息量，但不会增加控制规则的数目，其避免了传统 MISO 模糊控制规则本身所固有的规则数目随测量传感器数量的增加呈指数爆炸的特性。

第3章 三域模糊集合与三域模糊控制策略

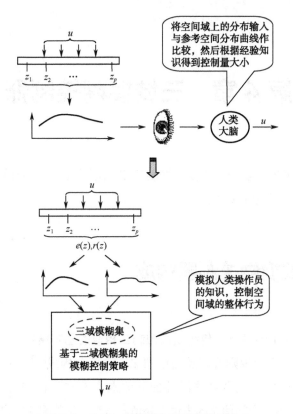

图 3-5 基于三域模糊集的模糊控制策略

从式（3-2）可以看出，基于三域模糊集的模糊控制策略将采用空间输入变量作为输入变量（如 $e(z)$ 和 $r(z)$），其包含了空间域上的所有传感器测量点上的信息；它将采用三域模糊集作为模糊集，经过空间模糊化之后，可将清晰的空间输入映射为模糊的空间输入。从控制目标来看，基于此控制策略的模糊控制目的是操纵空间域的整体行为，而传统模糊控制目的是操纵每个空间点上的行为。

基于三域模糊集的模糊控制策略是一种新的模糊控制策略，在解决空间分布系统控制问题上存在着先进性，即它的目的不在于控制空间上点的行为而是控制空间域上的整体行为。在下一章中，三域模糊控制器就是基于该控制策略的新型模糊控制器。

第 4 章　三域模糊控制器

基于三域模糊集合与三域模糊控制策略,本章提出了三域模糊控制器的结构框架,并给出了设计步骤。

4.1　三域模糊控制器构成

三域模糊控制器具有与传统模糊控制器相似的基本结构,如图 4-1 所示,由三域模糊化、三域规则推理及去模糊化三大部分构成[12]。由于其特有的空间特性,三域模糊控制器某些组件的具体操作不同于传统模糊控制器,如图 4-2 所示,将用于空间信息的表达、处理和压缩。从数据流向来看,来自空间域上的清晰输入首先经由全局空间模糊隶属函数转换成模糊空间输入,然后模糊空间输入经过空间信息融合模块和降维模块转换成蕴含了空间信息的传统二维模糊输入,紧接着传统二维模糊输入由传统模糊推理模块转换成传统二维模糊输出,最后,对传统二维模糊输出执行传统去模糊化操作便产生了清晰输出。

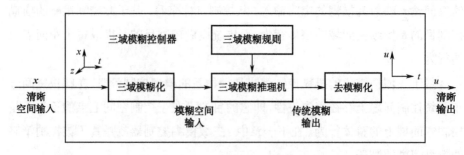

图 4-1　三域模糊控制器基本结构

第4章 ■ 三域模糊控制器

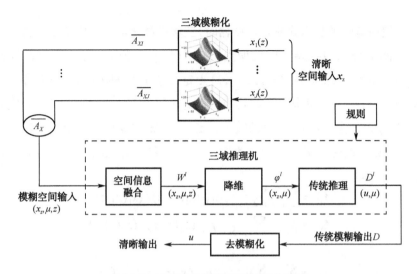

图 4-2 三域模糊控制器详细操作流程

1. 三域模糊化

三域模糊化不同于传统模糊化之处在于它将涉及空间维数的操作,即它可以把清晰空间输入转换成模糊空间输入。与传统模糊化相似,它包括两种模糊化方法,即单点模糊化和非单点模糊化[71],下面给出单点模糊器与非单点模糊器的具体定义。

定义 4.1 单点模糊器,令 $\overline{A}$ 为一三域模糊集,x 为论域 X 上的一个清晰输入点,$x \in X$,z 为一维空间 Z 上一点,$z \in Z$。在位置点 z 上,单点模糊器把论域为 X 的输入 x 映射为三域模糊集 $\overline{A}$,则 $\overline{A}$ 是具有支点为 x' 的单点模糊集,其中,当 $x = x', z = z'$ 时,$\mu_{\overline{A}}(x,z) = 1$;对于其他 $x \in X, z \in Z$ 且 $x \neq x', z \neq z'$,$\mu_{\overline{A}}(x,z) = 0$。

定义 4.2 非单点模糊器,令 $\overline{A}$ 为一三域模糊集,x 为论域 X 上的一个清晰输入点,$x \in X$,z 为一维空间 Z 上一点,$z \in Z$。在位置点 z 上,非单点模糊器把论域为 X 的输入 x 映射为三域模糊集 $\overline{A}$,则 $\overline{A}$ 是非单点模糊集,其中:当 $x = x', z = z'$ 时,$\mu_{\overline{A}}(x,z) = 1$;当 $z = z'$,x 偏离 x' 时,$\mu_{\overline{A}}(x,z)$ 从 1 开始减小;对于其他 $z \in Z$ 且 $z \neq z'$,$\mu_{\overline{A}}(x,z) = 0$。

当使用有限数目点式测量传感器时，三域模糊化可以看成是多个传统模糊化在空间上合成的结果。假设使用了 p 个点式传感器，分别安置在位置点 $z_1, z_2, \cdots, z_p$ 上。在空间域 $Z=\{z_1, \cdots, z_p\}$ 上定义了 J 个清晰空间输入变量，用矢量 $\boldsymbol{x}_z = [x_1(z), \cdots, x_J(z)]$ 来表示，其中：$x_j(z_i) \in X_j \subset IR$（$j=1, \cdots, J$）为空间输入变量 $x_j(z)$ 在测量点 $z=z_i$ 上的输入，X_j 为 $x_j(z_i)$ 的论域。每个空间输入变量 $x_j(z)$ 的三域模糊化结果均可统一地表式为三域模糊输入 $\overline{A}_{Xj}$，其具有如下离散表达形式，即

$$\overline{A}_{X_1} = \sum_{z \in Z} \sum_{x_1(z) \in X_1} \mu_{X_1}(x_1(z), z) / (x_1(z), z)$$
$$\overline{A}_{X_2} = \sum_{z \in Z} \sum_{x_2(z) \in X_2} \mu_{X_2}(x_2(z), z) / (x_2(z), z)$$
$$\vdots$$
$$\overline{A}_{X_J} = \sum_{z \in Z} \sum_{x_J(z) \in X_J} \mu_{X_J}(x_J(z), z) / (x_J(z), z)$$

则 J 个空间输入 $\boldsymbol{x}_z$ 的三域模糊化结果可表示为

$$\begin{aligned}\overline{A}_X &= \sum_{z \in Z} \sum_{x_1(z) \in X_1} \cdots \sum_{x_J(z) \in X_J} \mu_{\overline{A}_X}(x_1(z), \cdots, x_J(z), z) / (x_1(z), \cdots, x_J(z), z) \\ &= \sum_{z \in Z} \sum_{x_1(z) \in X_1} \cdots \sum_{x_J(z) \in X_J} \mu_{X_1}(x_1(z), z) * \cdots * \mu_{X_J}(x_J(z), z) / (x_1(z), \cdots, x_J(z), z)\end{aligned}$$

（4-1）

其中，* 为 t-norm 操作，并且假设隶属函数 $\mu_{\overline{A}_X}$ 是可分离的[71]。

2. 三域规则推理

● 规则库

使用三域模糊集，规则库中第 l 条规则可以具有下面的形式，即

$$\overline{R}^l: \text{If } x_1(z) \text{ is } \overline{C}_1^l \text{ and } \cdots \text{ and } x_J(z) \text{ is } \overline{C}_J^l, \text{ Then } u \text{ is } G^l \quad (4\text{-}2)$$

其中，$\overline{R}^l$ 表示第 l 条规则，$l=1,2,\cdots,N_1$；$x_j(z)$ 为空间输入变量，$j=1,\cdots,J$；$\overline{C}_j^l$ 为三域模糊集；u 为控制行为，$u \in U_u \subset IR$；G^l 为传统模糊集；N_1 为规则数目。

● 三域推理

三域模糊控制器的推理机具有处理空间信息的能力，它可提取模糊空间输入的空间信息，进而将其转换成传统模糊输出。此推理机设计有如图 4-2 所示

的三个功能模块：空间信息融合、降维及传统推理[12]。推理过程所涉及的三域模糊集的并、交及补运算均可参见 3.1.2 节。

由式（4-2）所表示的模糊规则代表了如下三域模糊关系，即

$$\overline{R}^l : \overline{C}_1^l \times \cdots \times \overline{C}_J^l \to G^l \quad l=1,2,\cdots,N_1$$

推理机通过合成模糊空间输入与此三域模糊关系，便可产生传统模糊集。

（1）空间信息融合

此模块可将模糊空间输入 $\overline{A}_X$ 转换成空间集 W^l，由扩展的 sup-star 合成操作作用于输入集和前件集而具体实现的。对于每个清晰空间输入 x_z，空间信息融合都会产生一个可近似描述空间函数分布关系的二维模糊空间分布，如图 4-3 所示。在此图中，对于离散空间 Z 上的每个清晰空间输入值 $x_z = [x_1(z), x_2(z)]$，使用单点三域模糊化方法产生了两个输入模糊集，然后由扩展的 sup-star 合成操作作用于这两个输入集与两个前件集就产生了空间隶属函数 W^l。当使用的传感器数量越多，得到的空间分布越好。

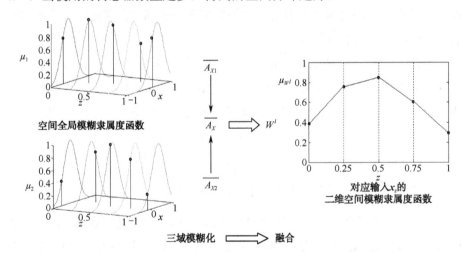

图 4-3 对应每个清晰空间输入 $x_z = [x_1(z), x_2(z)]$ 的空间信息融合操作过程

对第 l 条规则的输入集和前件集，执行扩展的 sup-star 合成操作，此过程可由下式来实现，即

$$W^l_{\overline{A}_X \circ (\overline{C}_1^l \times \cdots \times \overline{C}_J^l)} = \overline{A}_X \circ (\overline{C}_1^l \times \cdots \times \overline{C}_J^l)$$

它的隶属度函数可表示为

$$\mu_{W^l}(z) = \mu_{\bar{A}_X \circ (\bar{C}_1^l \times \cdots \times \bar{C}_J^l)}(\boldsymbol{x}_z, z)$$

$$= \sup_{x_1(z) \in X_1, \cdots, x_J(z) \in X_J} [\mu_{\bar{A}_X}(\boldsymbol{x}_z, z) * \mu_{\bar{C}_1^l \times \cdots \times \bar{C}_J^l}(\boldsymbol{x}_z, z)]$$

$$= \sup_{x_1(z) \in X_1, \cdots, x_J(z) \in X_J} [\mu_{X_1}(x_1(z), z) * \cdots * \mu_{X_J}(x_J(z), z) * \mu_{\bar{C}_1^l}(x_1(z), z) * \cdots * \mu_{\bar{C}_J^l}(x_J(z), z)]$$

$$= \{\sup_{x_1(z) \in X_1} [\mu_{X_1}(x_1(z), z) * \mu_{\bar{C}_1^l}(x_1(z), z)]\} * \cdots * \{\sup_{x_J \in X_J} [\mu_{X_J}(x_J(z), z) * \mu_{\bar{C}_J^l}(x_J(z), z)]\}$$

(4-3)

其中，$z \in Z$，多个前件集是用"与"连接，$*$ 为 t-norm 操作。

（2）降维

对于每个输入 $\boldsymbol{x}_z$，经过空间信息融合操作之后就会形成一个近似的模糊空间分布 W^l，而物理信息如传感器位置及不同传感器之间的相对位置都隐含在这个分布中。降维操作的目的就是提取空间分布信息，将此空间分布信息 $(\boldsymbol{x}_z, \mu, z)$ 压缩成二维信息 $(\boldsymbol{x}_z, \mu)$。

如图 4-3 所示，对于每个输入 $\boldsymbol{x}_z$，空间集 W^l 可看成平面 (μ, z) 上的二维空间隶属函数。若对空间集 W^l 采用质心操作（参见式（4-4）），可将其压缩成为二维集 φ^l，其中 φ^l 代表了由输入 $\boldsymbol{x}_z$ 产生的空间分布的一个整体影响。

$$\mu_{\varphi^l} = \frac{\int_\zeta \mu_{W^l}(z) \mathrm{d}s}{\int_\zeta \mathrm{d}s} \tag{4-4}$$

其中，ζ 为一个连续曲线，$\int_\zeta \mathrm{d}s$ 为曲线 ζ 的弧长。

由于在实际应用中使用有限数目传感器，所以集 W^l 是离散的。因此，可由直线段连接相邻的点而形成图 4-3 右边的折线，此折线可视为近似的空间分布。为此，离散形式的质心操作可表示为下式，即

$$\mu_{\varphi^l} = \frac{\sum_{i=1}^{p-1} \frac{(\mu_{W^l}(z_i) + \mu_{W^l}(z_{i+1}))}{2} \Delta s_i}{\sum_{i=1}^{p-1} \Delta s_i} \tag{4-5}$$

其中，p 个传感器形成了 $p-1$ 条线段，在测量点 z_i 处的隶属度为 $\mu_{W^l}(z_i)$；$\Delta s_i = \sqrt{(\mu_{W^l}(z_{i+1}) - \mu_{W^l}(z_i))^2 + (z_{i+1} - z_i)^2}$ 为第 i 条直线段的长度；$(\mu_{W^l}(z_i) + \mu_{W^l}(z_{i+1}))/2$ 为从 z 轴到第 i 条直线段质心的距离。

将式（4-5）进一步写成式（4-6），即

$$\mu_{\varphi^l} = a_1 \mu_{W^l}(z_1) + a_2 \mu_{W^l}(z_2) + \cdots + a_p \mu_{W^l}(z_p) \qquad (4\text{-}6)$$

其中，$a_1 = \Delta s_1 \left/ \left(2 \sum_{i=1}^{p-1} \Delta s_i\right)\right.$

$$a_j = (\Delta s_{j-1} + \Delta s_j) \left/ \left(2 \sum_{i=1}^{p-1} \Delta s_i\right)\right. \quad (j = 2, \cdots, p-1)$$

$$a_p = \Delta s_{p-1} \left/ \left(2 \sum_{i=1}^{p-1} \Delta s_i\right)\right.$$

从式（4-6）可以看出，质心法降维实际上就是采用时变的权值 a_1、a_j、a_p 对空间隶属度进行加权求和来实现对空间整体行为的提取。这些权值是传感器位置与相应位置上隶属度的非线性函数，当传感器位置固定，空间隶属函数的形状将影响到权值大小。

（3）传统推理

三域推理的最后一个操作是传统推理，它将实现规则中的蕴含操作和多个激发规则的合成操作。把从 z 轴到空间集 W^l 质心的距离定义为第 l 条规则的激发度[74]，然后通过下式执行 Mamdani 蕴含操作，即

$$\mu_{D^l}(u) = \mu_{\varphi^l} * \mu_{G^l}(u) \quad u \in U_u$$

其中，* 表示 t-norm；$\mu_{G^l}(u)$ 为激发规则 $\overline{R}^l$ 的后件集的隶属度；D^l 为激发规则 $\overline{R}^l$ 的输出模糊集。

最后，合成所有激发的规则得到下式，即

$$D = \bigcup_{l=1}^{N'} D^l$$

其中，N' 为所激发规则的数目；D 为合成后的输出模糊集。

3. 去模糊化

三域推理操作之后产生一个传统模糊输出集，于是可以采用与传统模糊控

融合空间信息的三域模糊控制器

制器相同的去模糊方法，将传统模糊输出集转换成清晰输出。文献[71]提出多个适合工程应用的去模糊化方法，如 Maximum、Mean-of-maxima、Centroid、Center-of-sums、Height、Center-of-sets 等。由于至今仍未有统一的标准确定去模糊化方法，鉴于 Center-of-sets 计算简单，本章将其用作三域模糊控制器的去模糊化方法。

在 Center-of-sets 去模糊器的计算中，每条激发规则 $\bar{R}^l$（$l=1,2,\cdots,N'$）的后件集是用其质心所在的单点值来代替的，它的幅值大小为规则的激发度，则去模糊化的结果是所有单点值的质心，可由下式给出，即

$$u = \sum_{l=1}^{N'} c^l \mu_{\varphi^l} \Big/ \sum_{l=1}^{N'} \mu_{\varphi^l}$$

其中，$c^l \in U_u$ 为激发规则 $\bar{R}^l$ 的后件集的质心，其代表（4-2）中后件集 G^l；N' 为所激发规则的数目，$N' \leq N_1$。

4.2 三域模糊控制器设计

三域模糊控制器除了具有与传统模糊控制器相同的设计问题之外，由于它本身所特有的空间特性，还存在着下列新设计问题。

（1）针对输入信号，合理地设计全局空间模糊隶属度函数，使其能够合理地描述空间上的函数分布关系。由于在实际应用中使用有限数目传感器，全局空间模糊隶属函数可以看成是每一空间点上二维模糊隶属函数的合成。因此，全局空间模糊隶属函数的设计问题可以简化为来自每个测量点输入的二维模糊隶属度函数的设计问题，而最终所有二维模糊隶属度函数将构造一个全局空间模糊隶属度函数。

（2）空间整体行为的提取是由式（4-4）定义的，具体执行是使用有限传感器通过式（4-5）来实现，而最终可以由输入量化因子对其进行微调。针对降维操作，设计式（4-6），即采取何种方法对空间上整体行为提取，将与所期

望的空间控制性能是紧密相关的。

（3）合理地配置测量传感器的位置，因为它将影响到空间整体行为特性的提取，并将影响到后续的控制性能。

（4）合理地设计输入量化因子。输入量化因子可对空间隶属函数进行微调，除此之外，设计过程中将考虑下列两个重要因素：①影响系统的控制性能；②影响系统的稳定性。在后面的仿真实验中，为了方便简单起见，空间输入变量均采用相同的空间量化因子。

总而言之，三域模糊控制器的设计可归纳如下。

（1）根据物理过程的特性和空间整体行为测量的要求，合理配置测量传感器的位置。

（2）针对来自每个测量点的输入，合理设计二维模糊隶属度函数，最终将所有的二维模糊隶属度函数合成为空间上全局的空间模糊隶属度函数。

（3）根据控制要求，合理设计式（4-6）实现对空间整体行为的提取。

（4）根据控制需要，设计规则库，其可具有与传统控制器相似的规则库[75]。

（5）根据控制性能，设计和调整输入量化因子和输出比例因子。

一般而言，现有的传统模糊控制器设计方法，如规则、隶属函数、量化因子与比例因子等的设计，均有助于三域模糊控制器相应的设计。此外，实际物理过程的经验知识[76]也有助于三域模糊控制器的设计。

第 5 章　基于专家经验的三域模糊控制器设计

模糊控制器的最大优势是可以把专家经验（如用语言描述的控制规则）融入到控制器的设计当中去。在本章，以填充床催化反应器作为实例，介绍基于专家经验的三域模糊控制器的设计方法。将三域模糊控制器的输入量化因子和输出比例因子作为可调参数，在实验中根据不同组别给出不同的值。针对被控系统在理想情况和有参数扰动的情况下，根据上述分组分别进行控制仿真实验，同时给出了相同参数设置的传统模糊控制的控制结果，并做了比较。

5.1　三域模糊控制器设计

以 2.2.1 节的填充床催化反应器为例。沿着反应器的长度方向安置了 5 个点式传感器来获取催化剂温度 T_s，它们分别位于点 $z' = [0\ 0.25\ 0.5\ 0.75\ 1]$ 上，从而在每个采样时刻 nT（n 为正整数，T 为采样周期，此例中 $T=0.1$）可以得到 5 个空间点的温度测量值 $T_s(z_1, nT), T_s(z_2, nT), \cdots, T_s(z_5, nT)$。控制问题是通过调整夹套温度 u 来控制催化剂的温度 T_s（如沿着反应器长度维持恒定的催化剂温度）从而维持理想的反应率。给定两组控制源在空间的分布曲线 $b(z)$ 和催化剂温度的参考空间曲线 T_{sd}，使得整个空间上的催化剂温度能够达到参考空间曲线。第一组为均匀分布，热源的分布为 $b(z)=1$，催化剂温度的参考空间曲线为 $T_{sd}(z)=0.1$，$0 \leqslant z \leqslant 1$。第二组为非均匀的分布，热源的分布为

$b(z)=1-\cos(\pi z)$,催化剂温度的参考空间曲线为 $T_{sd}(z)=0.42-0.2\cos(\pi z)$,$0 \leq z \leq 1$。

在每个采样时刻 nT,三域模糊控制器的两个输入分别为空间误差输入 $e^*(z)=\{e_1^*,e_2^*,\cdots,e_5^*\}$ 及空间误差变化量输入 $r^*(z)=\{r_1^*,r_2^*,\cdots,r_5^*\}$,其中 $e_i^*=T_s(z_i,nT)-T_{sd}(z_i)$,$r_i^*=e_i^*(nT)-e_i^*(nT-T)$。假设 e_i^* 及 r_i^* 的量化因子分别为 k_{ei} 及 k_{ri},增量式输出 Δu 的比例因子为 k_u,量化后的输入为 e_i 与 r_i,将 e_i、r_i 及 Δu 均归一化为[-1, 1]。

由于使用有限点式传感器测量空间信息,量化的空间输入 $e(z)$ 与 $r(z)$ 的空间隶属度函数在空间上是离散的,它们可以看成是在每一测量点上传统二维隶属度函数的合成。因此,可分别设计每一测量点上传统二维隶属度函数。来自每个测量点的 e_i 与 r_i 均设计有 7 个语言值,分别为:正大(PL)、正中(PM)、正小(PS)、零(O)、负小(NS)、负中(NM)与负大(NL)。为了方便起见,它们的隶属度函数均选为如图 5-1 所示的三角形状,则量化的空间输入 $e(z)$ 与 $r(z)$ 有 7 个语言值,分别为 $\overline{PL}$、$\overline{PM}$、$\cdots$、$\overline{NL}$,它们的隶属度函数均为每一测量点上传统二维隶属度函数在空间上的合成,例如 $\overline{PL}=\{PL_1,\cdots,PL_5\}$,其中 $PL_1=\cdots=PL_5=PL$。增量式输出 Δu 与 e_i、r_i 具有相同的语言值和相同形状的隶属度函数。最后,实际控制器输出 $u(nT)$ 可表示为

$$u(nT)=u(nT-T)+\Delta u(nT) \quad (5-1)$$

采取如表 5-1 所示的规则库,具体控制规则具有如下形式,即

$$\text{If } e(z) \text{ is } \overline{PS} \text{ and } r(z) \text{ is } \overline{NS} \text{ Then } \Delta u \text{ is } O \quad (5-2)$$

其中,$e(z)$ 与 $r(z)$ 均为量化的空间输入变量,分别代表误差及误差变化量;$\overline{PS}$ 与 $\overline{NS}$ 均为三域模糊集,它们均为在每一测量点上传统模糊集的合成,即 $\overline{PS}=\{PS_1,\cdots,PS_5\}$,$\overline{NS}=\{NS_1,\cdots,NS_5\}$;$\Delta u$ 为增量式输出;O 为传统模糊集。

每条规则的权值均设为 1,采用单点式模糊化方法,最小 t-norm,最大 t-conorm,质心法降维,Center-of-sets 法去模糊化。除了留有输入量化因子与比例因子为可调参数,三域模糊控制器的其他组件和参数均已完全确定下来。

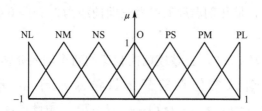

图 5-1　$e_i/r_i/\Delta u$ 的隶属度函数

表 5-1　规则库

$e(z)/r(z)$	$\overline{\text{NL}}$	$\overline{\text{NM}}$	$\overline{\text{NS}}$	$\overline{\text{O}}$	$\overline{\text{PS}}$	$\overline{\text{PM}}$	$\overline{\text{PL}}$
$\overline{\text{NL}}$	NL	NL	NL	NL	NM	NM	O
$\overline{\text{NM}}$	NL	NL	NM	NM	NS	O	PS
$\overline{\text{NS}}$	NL	NM	NS	NS	O	PS	PM
$\overline{\text{O}}$	NM	NS	NS	O	PS	PM	PL
$\overline{\text{PS}}$	NM	NS	O	PS	PS	PM	PL
$\overline{\text{PM}}$	NS	O	PS	PM	PM	PL	PL
$\overline{\text{PL}}$	O	PM	PM	PL	PL	PL	PL

5.2　仿真结果与比较

1. 实验一

在本组实验中,热源和催化剂温度的参考空间曲线在空间上都为均匀分布的,其中,$b(z)=1$,$T_{sd}(z)=0.1$,$0 \leqslant z \leqslant 1$。为方便起见,每个传感测量点上的误差量化因子 k_{ei} 均选为 0.49,每个传感测量点上的误差变化量的量化因子 k_{ri} 均选为 0.1,增量式输出 Δu 的比例因子为 1.0。

对于集总参数系统,人们通常采用定量性能指标评价控制器性能,如稳态误差(SSE)、绝对偏差积分(IAE)及时间绝对偏差乘积积分(ITAE)。对于空间分布系统,需要对整个空间上的性能进行评价,为此将上述三个传统性能

指标修改为下式[12]，即

$$SSE = \int_{l_a}^{l_b} |T_s(z,t_s) - T_{sd}(z)| dz \tag{5-3}$$

$$IAE = \int_0^t \int_{l_a}^{l_b} |T_s(z,t) - T_{sd}(z)| dzdt \tag{5-4}$$

$$ITAE = \int_0^t \int_{l_a}^{l_b} t|T_s(z,t) - T_{sd}(z)| dzdt \tag{5-5}$$

其中，空间域边界设置为 $l_a = 0$ 及 $l_b = 1$；t_s 表示系统到达稳态的时间；仿真持续时间 t 设置为 8。

当系统分别处于理想情况与有参数扰动情况时，在上述设计的三域模糊控制器控制下的系统定量性能指标列于表5-2中。当系统处于理想情况下，三域模糊控制的催化剂温度随时间空间变化曲线、操纵曲线及稳态时催化剂温度空间分布曲线分别由图5-2（a）、（b）及（c）所示；当系统处于有参数扰动的情况下（β_p 增加了50%），三域模糊控制的催化剂温度随时间空间变化曲线、操纵曲线及稳态时催化剂温度空间分布曲线分别由图5-3（a）、（b）及（c）所示。

对传统模糊控制器也做了相应的仿真实验。传统模糊控制器包括具有平均输入的传统模糊控制器及具有单个测量点输入的传统模糊控制器（传感器放置在 $z = 0.5$）。为了公平起见，两个传统模糊控制器均采用传统Mamdani模糊控制结构，设计有与三域模糊控制器相同的参数，如单点式模糊器、最小t-norm、最大t-conorm、Center-of-sets法去模糊器、与表5-1相同的规则及与图5-1相同的隶属度函数。两个传统模糊控制器均采用与三域模糊控制器相同的量化因子和比例因子，即误差及误差变化量的量化因子分别为0.49及0.1，比例因子为1.0。三域模糊控制器与两个传统模糊控制器不同之处在于：前者采用三域模糊集和三域推理机制，而后者则采用传统模糊集和传统模糊推理机制。系统处于理想情况下与处于有参数扰动情况下的传统模糊控制器的仿真结果可分别参见图5-4（a）与（b）、图5-5（a）与（b）以及表5-2。

仿真结果表明，在系统无论是处于理想情况下还是处于有参数扰动的情况下，当空间分布热源和空间参考曲线为均匀分布时，三域模糊控制器均能取得比传统模糊控制器更好的控制性能。

表 5-2 性能比较

性能指标	三域模糊控制器	具有平均输入的传统模糊控制器	具有单个测量点输入的传统模糊控制器（传感器放置在 $z=0.5$）
没有扰动			
SSE（$\times 10^{-4}$）	6.129	8.285	8.285
IAE（$\times 10^{-2}$）	4.50	4.63	4.63
ITAE（$\times 10^{-2}$）	2.88	3.55	3.55
β_p 有 50%的扰动			
SSE（$\times 10^{-4}$）	4.73	9.891	9.891
IAE（$\times 10^{-2}$）	4.35	4.70	4.70
ITAE（$\times 10^{-2}$）	2.43	4.07	4.07

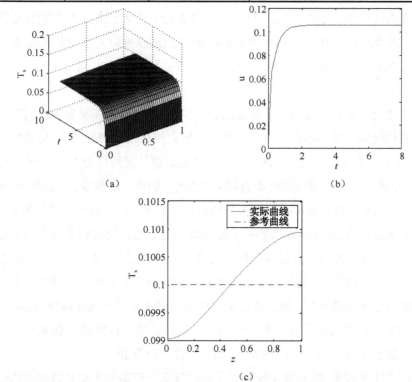

图 5-2 理想情况下三域模糊控制的催化剂温度、操纵输入及稳态时催化剂温度空间分布

第5章 ■基于专家经验的三域模糊控制器设计■

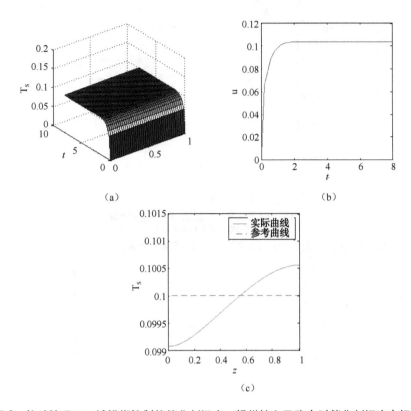

图 5-3 扰动情况下三域模糊控制的催化剂温度、操纵输入及稳态时催化剂温度空间分布

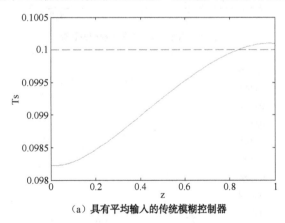

（a）具有平均输入的传统模糊控制器

图 5-4 理想情况时传统模糊控制器作用下稳态时催化剂温度曲线

融合空间信息的三域模糊控制器

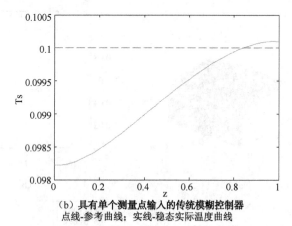

（b）具有单个测量点输入的传统模糊控制器
点线-参考曲线；实线-稳态实际温度曲线

图 5-4　理想情况时传统模糊控制器作用下稳态时催化剂温度曲线（续）

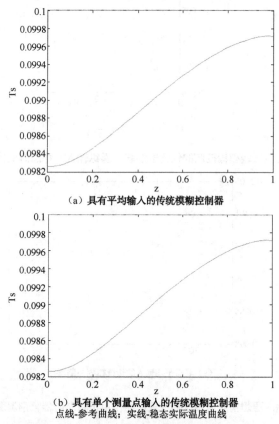

（a）具有平均输入的传统模糊控制器

（b）具有单个测量点输入的传统模糊控制器
点线-参考曲线；实线-稳态实际温度曲线

图 5-5　具有参数扰动情况下传统模糊控制器作用下稳态时催化剂温度曲线

2. 实验二

在本组实验中,热源和催化剂温度的参考空间曲线在空间上都为非均匀分布的,其中 $b(z)=1-\cos(\pi z)$,$T_{sd}(z)=0.42-0.2\cos(\pi z)$,$0 \leqslant z \leqslant 1$。本组实验中,每个传感测量点上的误差量化因子 k_{ei} 均选为 1.5,每个传感测量点上的误差变化量的量化因子 k_{ri} 均选为 0.5,增量式输出 Δu 的比例因子为 1.0。

当系统分别处于理想情况与有参数扰动情况时,在上述设计的三域模糊控制器控制下的系统定量性能指标(SSE, IAE 及 ITAE)列于表 5-3 中。当系统处于理想情况下,三域模糊控制的催化剂温度随时间空间变化曲线、操纵曲线及稳态时催化剂温度空间分布曲线分别如图 5-6(a)与(b)及图 5-8(a)所示;当系统处于有参数扰动的情况下(B_0 增加了 50%),三域模糊控制的催化剂温度随时间空间变化曲线、操纵曲线及稳态时催化剂温度空间分布曲线分别由图 5-7(a)与(b)及图 5-9(a)所示,仿真持续时间为 8。

仍然采用具有平均输入的传统模糊控制器及具有单点测量输入的传统模糊控制器作为传统模糊控制器进行仿真比较。两个传统模糊控制器均采用传统 Mamdani 模糊控制结构,设计有与三域模糊控制器相同的参数,如单点式模糊器、最小 t-norm、最大 t-conorm、Center-of-sets 法去模糊器、与表 5-1 相同的规则及与图 5-2 相同的隶属度函数。两个传统模糊控制器均采用与三域模糊控制器相同的量化因子和比例因子,即误差及误差变化量的量化因子分别为 1.5 及 0.5,比例因子为 1.0。

当系统分别处于理想情况与有参数扰动情况时,在上述设计的传统模糊控制器控制下的系统定量性能指标(SSE, IAE 及 ITAE)列于表 5-3 中。当系统处于理想情况下,在上述两种传统模糊控制器分别控制下稳态时催化剂温度空间分布曲线如图 5-8(b)与(c)所示。当系统处于有参数扰动的情况下,在上述两种传统模糊控制器分别控制下稳态时催化剂温度空间分布曲线如图 5-9(b)与(c)所示。

仿真结果表明,无论系统处于理想情况下还是处于有参数扰动的情况下,当空间分布热源和空间参考曲线为非均匀分布时,三域模糊控制器均能取得比传统模糊控制器更好的控制性能。

表 5-3　定量性能比较

性能指标	三域模糊控制器	具有平均输入的传统模糊控制器	具有单个测量点输入的传统模糊控制器（传感器放置在z=0.5）
没有扰动			
SSE（×10^{-2}）	1.69	1.81	2.09
IAE（×10^{-1}）	2.344	2.412	2.762
ITAE（×10^{-1}）	5.597	5.976	6.965
B_0有50%的扰动			
SSE（×10^{-2}）	1.77	1.85	2.47
IAE（×10^{-1}）	2.480	2.506	3.102
ITAE（×10^{-1}）	5.904	6.128	8.255

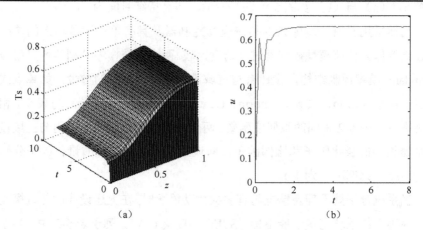

图 5-6　理想情况下三域模糊控制的催化剂温度及操纵输入曲线

第5章 基于专家经验的三域模糊控制器设计

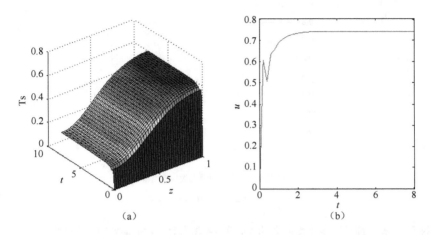

图 5-7 扰动情况下三域模糊控制的催化剂温度及操纵输入曲线

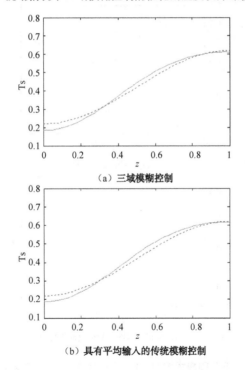

（a）三域模糊控制

（b）具有平均输入的传统模糊控制

图 5-8 理想情况下不同模糊控制器作用下的稳态时催化剂温度空间分布曲线

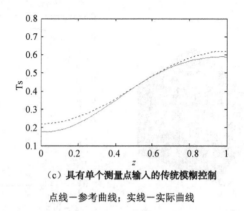

（c）具有单个测量点输入的传统模糊控制

点线—参考曲线；实线—实际曲线

图 5-8　理想情况下不同模糊控制器作用下的稳态时催化剂温度空间分布曲线（续）

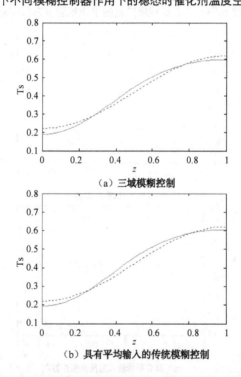

（a）三域模糊控制

（b）具有平均输入的传统模糊控制

图 5-9　扰动情况下不同模糊控制器作用下的稳态时催化剂温度空间分布曲线

第 5 章 基于专家经验的三域模糊控制器设计

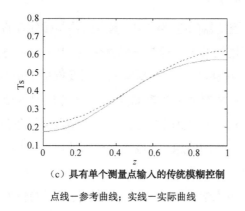

(c) 具有单个测量点输入的传统模糊控制

点线—参考曲线；实线—实际曲线

图 5-9　扰动情况下不同模糊控制器作用下的稳态时催化剂温度空间分布曲线（续）

本篇小结

本篇主要针对空间分布动态系统，详细介绍了三域模糊集合与三域模糊控制策略，并在此基础上，介绍了三域模糊控制器的框架结构及设计步骤，最后以一个典型空间分布动态系统为例，讲述了基于专家经验的三域模糊控制器的设计方法，主要内容如下。

（1）三域模糊集合定义。三域模糊集合有三个域，分别为空间域、变量域与隶属度域。

（2）三域模糊集合与其他类型模糊集合的区别。传统模糊集合仅有两个域（变量域与隶属度域），不具备表示空间信息的能力。type-2 模糊集是传统模糊集的扩展，在传统模糊集的基础上增加一维，使得隶属度本身是模糊的，即模糊的模糊集。区间值模糊集是 type-2 模糊集的一种特例，即所有次隶属度均为 1。type-2 模糊集与区间值模糊集均不具备表示空间信息的能力。三域模糊集合所具备的空间域，使得它在本质上具备了表示空间信息的能力。

（3）三域模糊控制策略的本质。不同于传统模糊策略的点对点的控制，三域模糊控制策略试图从整个空间角度去控制一个空间分布的场。

(4）三域模糊控制器的框架结构。基本结构与传统模糊控制器相似,包括三域模糊化、三域模糊规则推理与解模糊化。但由于其本身具有空间信息表示及处理能力,在三域模糊化上、三域模糊规则及推理上均有其特色。三域模糊化可将空间输入转换成空间上的模糊输入。基于空间输入变量及三域模糊集合的三域模糊规则形式,即使空间上配置多个传感器测量信息,也不会产生规则数目呈指数爆炸式增长的问题。三域模糊规则处理,在本质上使得三域模糊规则具备了处理空间信息的能力。

(5）三域模糊控制器的一般性设计方法。传感器的位置选择、三域模糊隶属度函数的设计、三域模糊规则的设计、量化因子与比例因子等的设计。

(6）基于专家经验的三域模糊控制器设计方法。三域模糊隶属度函数形状与相关参数的选择、三域模糊规则的描述、具体操作算子的选择等。

本篇参考文献

[1] Zadeh L A. Outline of a new approach to the analysis of complex systems and decision processes. *IEEE Transactions on Systems, Man, and Cybernetics*, 1973,3(1):28-44

[2] Mamdani E H, Assilian S. An experiment in linguistic synthesis with a fuzzy logic controller. *International Journal of Man-Machine Studies*, 1974,7(1):1-13

[3] Ying H. Fuzzy control and modeling: analytical foundations and applications. New York: IEEE Press, 2000

[4] 丁永生,应浩. 解析模糊控制理论:模糊控制系统的结构和稳定性分析. 控制与决策,2000,15(2):129-135

[5] Xiao J, Xiao J Z, Xi N, Tummala R, Mukherjee R. Fuzzy controller for wall-climbing microrobots. *IEEE Transactions on Fuzzy Systems*, 2004,12(4):

466-480

[6] Rubio F R, Berenguel M, Camacho E F. Fuzzy logic control of a solar power plant. *IEEE Transactions on Fuzzy Systems*, 1995,3(4):459-468

[7] Christofides P D. Control of Nonlinear Distributed Process Systems: Recent Developments and Challenges. *AIChE Journal*, 2001,47(3):514-518

[8] Bamieh B, Paganini F, Dahleh M A. Distributed Control of Spatially Invariant Systems. *IEEE Transactions on Automatic Control*, 2002,47(7):1091-1107

[9] Stewart G E, Gorinevsky D M, Dumont G A. Feedback controller design for a spatially-distributed system: the paper machine problem. *IEEE Transactions on Control Systems Technology*, 2003,11(5):612-628

[10] Christofides P D. Nonlinear and Robust Control of Partial Differential Equation Systems: Methods and Applications to Transport-Reaction Processes. Boston: *Birkhäuser*, 2001

[11] Ray W H. Advanced process control. New York: McGraw-Hill, 1981

[12] Li H X, Zhang X X, Li S Y. A three-dimensional fuzzy control methodology for a class of distributed parameter systems. *IEEE Transactions on Fuzzy Systems,* 2007,15(3):470-481

[13] Thomas J W. Numerical partial differential equations. New York: *Springer*, 1995

[14] Reddy J N. Introduction to the Finite Element Method. New York: *McGraw-Hill*, 1993

[15] 林伟，刘明扬，陈云峰，赵怡. 分布参数控制系统. 北京：国防工业出版社，1981

[16] Wang P K C. Theory of stability and control for distributed parameter systems .*International Journal of Control*, 1968,7(2):101-116

[17] Lions J L. Optimal control of systems governed by partial differential equations. New York: *Springer Verlag*, 1971

[18] 钱学森，宋健. 工程控制论. 北京：科学出版社，1980

[19] 宋健，于景元. 人口发展过程的预测. 中国科学，1980,9:920-932

[20] 张学铭. 分布参数系统最优控制过程数学理论. 济南：山东科学出版社，1980

[21] Balas M J. Reduced-order feedback control of distributed parameter systems via singular perturbation methods. *Journal of Mathematical Analysis and Applications*, 1982,87:281-294

[22] Balas M J. The Galerkin method and feedback control of linear distributed parameter systems. *Journal of Mathematical Analysis and Applications*, 1983,91:527-546

[23] Balas M J. Finite dimensional control of distributed parameter systems by Galerkin approximation of infinite dimensional controller. *Journal of Mathematical Analysis and Application*, 1986,114:17-36

[24] Balas M J. Finite-dimensional controllers for linear distributed parameter systems: exponential stability using residual model filters. *Journal of Mathematical Analysis and Application*, 1988,133:283-296

[25] Balas M J. Stable feedback control of linear distributed parameter systems: time and frequency domain conditions. *Journal of Mathematical Analysis & Applications*, 1998,225:144-167

[26] Byrnes C I, Gilliam D S, Lauko I G, Shubov V I. Output regulation for parabolic distributed parameter systems: set point control. *Proceedings of the 36th Conference on Decision & Control, San Diego, California USA*, 1997, pp. 2225-2230

[27] Byrnes C I, Lauko I G, Gilliam D S, Shubov V I. Output regulation for linear distributed parameter systems. *IEEE Transactions on Automatic Control*, 2000,45(12):2236-2252

[28] Yoshida M, Matsumoto S. Controller design for parabolic distributed parameter systems using finite integral transform techniques. *Journal of Process*

Control, 1996,6(6):359-366

[29] Yoshida M, Takeda T, Maruko M, Matsumoto S. Control of the temperature distribution in two dimensional space of an annular type non-isothermal adsorber. *Journal of Process Control*, 2003,13:831-838

[30] Sadek I S, Bokhari M A. Optimal control of a parabolic distributed parameter system via orthogonal polynomials. *Optimal control of applications & methods*, 1998,19:205-213

[31] Lu S H, Fong I K. Stability robustness of linear normal distributed parameter systems. *Systems & Control Letters*, 2000,41:317-323

[32] Reinschke J, Smith M C. Designing robustly stabilising controllers for LTI spatially distributed systems using coprime factor synthesis. *Automatica*, 2003,39:193-203

[33] Alvarez-Ramirez J, Puebla H, Ochoa-Tapia J A. Linear boundary control for a class of nonlinear PDE processes. *Systems & Control Letters*, 2001,44: 395-403

[34] Chen C C, Chang H C. Accelerated disturbance damping of an unknown distributed system by nonlinear feedback. *AIChE Journal*, 1992,38(9):1461-1476

[35] Boubaker O, Babary J P. On SISO and MIMO variable structure control of nonlinear distributed parameter systems: application to fixed bed reactors. *Journal of process control*, 2003,13:729-737

[36] Christofides P D, Daoutidis P. Nonlinear control of diffusion-convection-reaction processes. *Computers & Chemical Engineering*, 1996,20: 1071-1076

[37] Christofides P D. Nonlinear and Robust Control of Partial Differential Equation Systems: Methods and Applications to Transport-Reaction Processes. Boston: *Birkhäuser*, 2001

[38] Palazoglu A, Karakas A, Control of nonlinear distributed parameter systems using generalized invariants. *Automatica*, 2000,36:697-703

[39] Zheng D, Hoo K A. Low-order model identification for implementable control solutions of distributed parameter systems. *Computers and Chemical Engineering*, 2002,26:1049-1076

[40] King B, Hovakimyan N. An adaptive approach to control of distributed parameter systems. *Proceeding of the 42nd IEEE Conference on Decision and Control, Maui, Hawaii USA*, 2003, pp. 5715-5720

[41] Park T Y, Yoon H M, Kim O Y. Optimal control of rapid thermal processing systems by empirical reduction of modes. *Industrial & Engineering Chemistry Research*, 1999,38:3964-3975

[42] Shvartsman, S Y, Kevrekidis I G, Nonlinear Model Reduction for Control of Distributed Parameter Systems: A Computer Assisted Study. *AIChE Journal*, 1998,44:1579-1595

[43] Kravaris C, Arkun Y. Geometric Nonlinear Control-An Overview. *Procedings of 4th International Conference on Chemical Process Control*, Padre Island, TX, 1991, pp. 477-516

[44] El-Farra N H, Christofides P D. Integrating Robustness, Optimality, and Constraints in Control of Nonlinear Processes. *Chemical Engineering Science*, 2001,56(5):1841-1869

[45] Baker J, Armaou A, Christofides P D. Nonlinear Control of Incompressible Fluid Flow: Application to Burgers' Equation and 2D Channel Flow. *Journal of Mathematical Analysis and Applications*, 2000,252(1):230-255

[46] Chiu T, Christofides P D. Nonlinear Control of Particulate Processes. *AIChE Journal*, 1999,45:1279-1297

[47] Shang H, Forbes J F, Guay M. Feedback control of hyperbolic distributed parameter systems. *Chemical Engineering Science*, 2005,60:969-980

[48] Sira-Ramirez H. Distributed sliding mode control in systems described by quasilinear partial differential equations. *Systems and Control Letters*, 1989,13:117-181

[49] Christofides P D, Daoutidis P. Feedback control of hyperbolic PDE systems. *AIChE Journal*, 1996,42(11),3063-3086

[50] Wu W. Finite difference output feedback control of a class of distributed parameter processes. *Industrial & Engineering Chemistry Research*, 2000,39:4250-4259

[51] Lin J, Lewis F L. Two-time scale fuzzy logic controller of flexible link robot arm. *Fuzzy Sets and Systems*, 2003,139(1):125-149

[52] Sagias D I, Sarafis E N, Siettos C I, Bafas G V. Design of a model identification fuzzy adaptive controller and stability analysis of nonlinear processes. *Fuzzy Sets and Systems*, 2001,121(1):169-179

[53] Sooraksa P, Chen G R. Mathematical modeling and fuzzy control of a flexible-link robot arm. *Mathl. Comput. Modeling*, 1998,27(6):93-93

[54] Akbarzadeh-T M -R. Fuzzy control and evolutionary optimization of complex systems. *PhD Dissertation, The University of New Mexico, USA*, 1998

[55] Wang L X. A course in fuzzy systems and control. Upper Saddle River, New Jersey: *Prentice-Hall*,1997

[56] Raju G V S, Zhou J, Kisner R A. Hierarchical fuzzy control. *International Journal of Control*, 1991,54(5):1201-1216

[57] Wang L X. Analysis and design of hierarchical fuzzy systems. *IEEE Transactions on Fuzzy Systems*, 1999,7(5):617-624

[58] Varma A, Morbidelli M. Mathematical methods in chemical engineering. New York: *Oxford University Press*, 1997

[59] Chateau P D, Zachmann D W. Schaum's outline of theory and problems of partial differential equations, Schaum's outline series. New York: *McGraw-Hill*. 1986

[60] Deng H, Li H X, Chen G R. Spectral approximation based intelligent modeling for distributed thermal process. *IEEE Transactions on Control Systems Technology*, 2005,13(5):686-700

[61] Doumanidis C C, Fourligkas N. Temperature distribution control in scanned thermal processing of thin circular parts. *IEEE Transactions on Control Systems Technology*, 2001,9(5):708-717

[62] Scott A C. A nonlinear Klein-Gordon equation. *American Journal of Physics*, 1969,37:52-61

[63] Hoo K A, Zheng D. Low-order control-relevant models for a class of distributed parameter systems. *Chemical Engineering Science*, 2001,56:6683-6710

[64] Christofides P D. Robust control of parabolic PDE systems. *Chemical Engineering Science*, 1998,53(16):2949-2965

[65] El-Farra, N H., Christofides, P D. Integrating Robustness, Optimality, and Constraints in Control of Nonlinear Processes. *Chemical Engineering Science*, 2001,56(5):1841-1869

[66] Theodoropoulou A, Adomaitis R A, Zafiriou E. Model Reduction for Optimization of Rapid Thermal Chemical Vapor Deposition Systems. *IEEE Transactions on Semiconductor Manufacturing*, 1998,11(1):85-98

[67] Adomaitis R A. RTCVD model reduction: a collocation on empirical eigenfunctons approach. *Technical report, Institute for Systems Research, University of Maryland, USA*, 1995

[68] Mendel J M, John R I. Type-2 Fuzzy Sets Made Simple. *IEEE Transactions on Fuzzy Systems*, 2002,10:117-127

[69] Zadeh L A. Fuzzy sets. *Information and Control*, 1965,8:338-353

[70] Zadeh L A. The concept of a linguistic variable and its application to approximate reasoning -1. *Information Sciences*, 1975,8:199-249

[71] Mendel J M. Uncertain Rule-Based Fuzzy Logic Systems: Introduction and New Directions. *New Jersey: Prentice Hall*, 2001

[72] Gorzalcznay M B. A method of inference in approximated reasoning based on interval-valued fuzzy sets. *Fuzzy Sets and Systems*, 1987,21:1-17

[73] Zhang X -X, Li S Y, Li H -X. Structure and BIBO Stability of a

Three-dimensional Fuzzy Two-term Control System. *Mathematics and Computers in Simulation*, 2010,80(10):1985-2004

[74] Hagras H A. A hierarchical type-2 fuzzy logic control architecture for autonomous mobile robots. *IEEE Transactions on Fuzzy Systems*, 2004,12(4):524-539

[75] Li H X, Gatland H B. A new methodology for designing a fuzzy logic controller. *IEEE Transactions on Systems, Man, and Cybernetics*, Part B, 1995,25(3):505-512

[76] Bitzer M, Zeitz M. Design of a nonlinear distributed parameter observer for a pressure swing adsorption plant. *Journal of process control*, 2002,12(4):533-543

第二篇　理论分析

第6章 概述

6.1 引言

传统模糊控制具有语词计算和处理不确定性、不精确性和模糊信息的能力[1],很多实际应用已证明其为解决非线性复杂系统控制问题的一种有效方法。尽管模糊控制器在实际应用中取得了成功,由于多数模糊系统仍采用黑箱方法,缺少完整的理论体系来保证系统的稳定性、收敛性等基本要求,使得模糊控制一直是个充满争议的领域。自上世纪八十年代后期以来,解析方法引起了许多学者的关注,模糊系统理论取得突破性的进展。越来越多的具有严格数学分析和证明的模糊控制论文的出现,使得模糊控制不再是一种单纯依靠经验的简单控制器,而是具有严格理论支持的高性能的非线性控制器。

在本章,将从数学解析的角度去介绍传统模糊控制器的结构分析研究现状以及模糊系统的稳定性分析。6.2节综述了传统模糊控制器的解析结构与稳定性分析方法。6.3节详细介绍传统模糊控制器的规则库平面分解法,其将作为三域模糊控制器解析分析的重要基础。

6.2 传统模糊控制的解析分析

数学解析分析模糊控制器的结构,是发展模糊控制技术的一条重要途径,对于模糊控制器的实际应用具有一定的指导意义。基于解析的数学模型,模糊控制技术中许多重要并且难度较大的方面，如分析、设计、稳定性、鲁棒性等，可用经典控制理论中的现有技术有效地加以研究。下面将讨论 Mamdani 模糊控制器的解析结构。

1. 非线性 PID 控制器

Ying 最早开始了传统模糊控制器的解析结构的研究，建立起模糊 PID 控制器与非线性 PID 之间的关系[2]。紧接着，在文献[3]中，Ying 采用图形解析方法证明了采用两个线性输入模糊集、四条模糊规则、Zadeh 模糊逻辑 AND 和 OR 操作及线性解模糊器的最简单的 Mamdani 模糊控制器是线性 PI 控制器，而采用重心法解模糊器得到 Mamdani 模糊控制器是一个非线性 PI 控制器。随后，又将其结果推广到采用其他推理方法（如 Mamdani 最小、Larsen 乘积、drastic 乘积和有界乘积等）的各类 Mamdani 模糊控制器[4]。

鉴于控制器输出有增量式和位置式输出的不同，很容易将模糊 PI 控制器的相应结论推广到模糊 PD 控制器[5]。除此之外，人们研究了 Mamdani 模糊控制器其他扩展设计形式的解析结构，证明了模糊 PID[6]、模糊 PI+D[7]、模糊 PD+I[8]、串行模糊 PI+PD[9]等控制器均为非线性 PID 控制器。

2. 滑模变结构控制器

已有很多学者在模糊控制器与滑模变结构控制器的相似性上做了研究工作。Kim 和 Lee 提出一种具于模糊滑模面的模糊控制器，设计了基于滑模面的模糊规则，经组合规则推理操作之后，控制器的输出与滑模变结构控制器非常相似[10]。Palm 指出针对二阶非线性所设计的多数具有二维相平面的模糊控制器在工作原理上类似于滑模变结构控制器[11]。针对滞滑摩擦，Cao 设计了一个模糊补偿器，其考虑了规则在相平面的影响，此模糊补偿器与滑模变结构控制器具有相似性[12]。

除此之外，已有学者通过数学解析的方法得到模糊控制器在本质上具有滑模变结构控制特征的结论。Li 采用一种简化的图形化解析方法，导出传统两项输入模糊控制器的数学表达式，证明传统两项输入模糊控制器在本质上是个滑模变结构控制结构[13]。随后，在文献[14]中揭示了两项输入模糊 PID[15] 仍然具有滑模变结构控制的特征。在最近的研究中，给出了采用优化模糊推理的模糊 PID 仍然具有滑模变结构控制的特征的结论[16]。

3. 全局的非线性控制器与局部的非线性 PI/PD 控制器的和

针对具有线性规则的典型两项输入模糊控制器，Ying 证明了其是一个全局的两维多值继电控制器和一个局部的非线性 PI 控制器之和，并且给出了当输入模糊集数目增加时全局的两维多值继电控制器作用增强以及局部的非线性 PI 控制器作用减弱的结论，进一步又给出了当输入模糊集数目趋近于无穷大时局部的非线性 PI 控制器消失以及全局的两维多值继电控制器变成全局的常规 PI 控制器的结论[17]。这些结果又被推广到其他形式的模糊控制器，如 TITO 模糊控制器[18]，MIMO 模糊控制器[19]。随后，针对具有非线性规则的两项输入模糊控制器，Ying 在文献[20]中给出了它是一个全局的非线性控制器和一个局部的非线性 PI 控制器之和的结论。

对于模糊 PD 控制器而言，相似的结论可由上述模糊 PI 控制器的结论简单推广得到[5]。

6.3 传统模糊控制系统的稳定性分析及设计

稳定性是控制系统的一项重要指标，也是系统能够正常工作的首要条件。因此，分析系统的稳定性并给出保证系统稳定的措施，是设计一个良好控制系统的首要前提。与经典控制理论相比，模糊控制系统的稳定性理论还不够完善，这是因为模糊控制系统本质上是一种复杂的非线性系统，对其稳定性的分析目前还难以给出统一的分析工具，而且模糊控制系统的表现形式也各不相同，同样为理论分析增加了难度[1]。

模糊控制系统的稳定性分析方法可以分为两大类，一类是沿用早期的经典控制理论的稳定性分析方法,如描述函数法、相平面法、圆稳定性判据法、小增益理论法、Lyapunov 函数法、基于滑模变结构法等;另一类是利用模糊集理论来分析模糊系统的稳定性,如关系矩阵法[21][22]、胞映射法[23]、基于能量函数法[24]等。下面将主要介绍利用经典控制理论分析模糊控制系统稳定性的方法。

1. 描述函数法

描述函数法是分析和设计非线性系统的一种方法,它可用于预测极限环的存在、频率、幅度和稳定性。Kickert 和 Mamdani 通过建立模糊控制器与多值继电控制器的关系,采用描述函数方法分析模糊控制系统的稳定性[25]。对于由饱和的论域边界而引起的非线性,Aracil 和 Gordillo 利用了描述函数法分析了 PD 和 PI 型模糊控制器的稳定性[26]。在文献[27]中,考虑了更加复杂的非线性模糊控制器。虽然描述函数方法能用于 SISO 和 MISO 模糊控制器以及某些非线性对象模型,但不能用于三输入及以上的模糊控制器。由于这种方法一般都用于非线性系统中确定周期振荡的存在性,因此只是一种近似方法。

2. 相平面分析法

使用相平面分析技术有助于描述和理解低阶模糊控制系统的动态行为,因而相平面分析方法可用于分析一些模糊系统的稳定性,但这种技术只限于二维规则结构的模糊系统。Braae 和 Rutherford 将语言轨迹概念引入闭环模糊控制系统的稳定性分析,应用相平面分析方法研究了模糊控制器的稳定性问题[28][29]。Aracil 等研究了模糊控制系统的稳定性,提出了平衡点在原点相对稳定性,并在设计和分析模糊控制系统的过程中提出了两个稳定性指数[30]。Lian 和 Huang 将上述方法扩展到 MIMO 系统的混合模糊控制器的稳定性的评估[31]。

3. 圆稳定性判据法

圆判据法可用于分析和设计一个模糊控制系统。针对 SISO 及 MIMO 模糊控制系统，Ray 和 Majumder 采用了圆判据法及其图形解释分析其稳定性[32]。在文献[33]中也采用了相似的稳定性分析方法。在文献[34]中，Ray 等利用频域圆判据法对 SISO 模糊控制系统进行了 L_2 稳定性分析。在文献[35]中，Kandel 等采用了 Popov 判据探讨了模糊控制系统的稳定性。

4. 小增益理论法

小增益理论是非线性控制理论中用于连续系统和离散系统的一个非常一般的工具。基于模糊控制器的解析结构，结合对象和模糊控制器的非线性本质，一些学者采用小增益理论，建立了 Mamdani 模糊 PI[36]、PD[37][38]、PID[39]控制系统的有界输入有界输出（BIBO）稳定性的充分条件，并证明了用非线性模糊 PI/PD 控制器替代常规 PI/PD 控制器，不会影响到平衡点处的稳定性。

5. Lyapunov 函数法

针对 Takagi-Sugeno（T-S）模糊系统，Lyapunov 函数法是常用的稳定性分析及设计方法。很多学者讨论了离散时间与连续时间 T-S 模糊控制系统的稳定性分析和设计问题，这些方法主要可分为六类[40]：①简单的局部控制器设计及稳定性验证[41]；②基于标称线性模型设计和二次 Lyapunov 函数的控制器，具有（或不具有）多样性能指标（如 H_∞、H_2）的稳定性[42]；③基于共同二次 Lyapunov 函数，具有（或不具有）多样性能指标的稳定性[43][44][45]；④基于分段二次 Lyapunov 函数，具有（或不具有）多样性能指标的稳定性[46]；⑤基于模糊 Lyapunov 函数，具有（或不具有）多样性能指标的稳定性[47]；⑥当 T-S 模糊模型参数未知时，采用自适应控制[48]。

针对 Mamdani 模糊系统，在一些文献中人们也采用了 Lyapunov 函数法进行稳定性研究，如文献[49][50][51]等。这些研究主要是针对 Lur'e 型系统而进行的，把基于规则的控制器看成是非线性控制器，通常得到的结果也是比较保守的[52]。

6. 基于滑模变结构法

由于模糊控制器是采用语义表达，并且模糊推理具有本质上的非线性特性，系统设计中不易保证模糊控制系统的稳定性。而滑模变结构控制不但能处理非线性系统，而且是个鲁棒控制。鉴于模糊控制与滑模变结构控制之间具有相似性，可以将二者结合（或集成）起来，使得彼此均可利用对方优点。

有些学者设计了能够处理模糊语义信息的滑模变结构控制器，如文献[11][53][54]等。一种直接的方法是在滑模变结构控制器中使用模糊边界层代替原有的清晰切换面，这样可以有效地消除滑模变结构控制器的抖动[55][56]。有的方法则是在设计的模糊控制器的基础上增加了滑模变结构控制器作为监控器，这个监控器不但可以保证闭环系统的稳定性，而且还能改善系统的鲁棒性，如文献[57][58]。一类重要的方法是在基于滑模变结构控制的框架下来解决模糊控制系统的稳定性和控制器设计问题，这样现有的滑模变结构控制技术可以应用于模糊控制系统的分析和设计，如文献[53][59][60]。

从模糊控制系统稳定性分析的结果可知，最常用的方法是 Lyapunov 函数法，但其比较保守，圆判据则更保守。对于其他一些典型的模糊控制系统稳定性分析方法，如描述函数等，要求对象模型确定且应满足一些连续性限制。

6.4 规则库平面分解法

规则库平面分解法是一种图形化解析方法。这种方法的关键性技术是：由输入变量及其模糊集构成规则库平面，然后将此规则库平面分解成很多推理单元（Inference Cell）[60]，最后在推理单元上执行推理操作。假设如图 6-1 所示的传统两项输入模糊控制器，它的具体构成为：单点式模糊化方法、二维线性规则库、三角形输入隶属度函数、单点式输出隶属度函数、最小 t-norm、最大 t-conorm 及 Center-of-sets 法去模糊化。针对此控制器，下面将采用规则库平面分解法给出模糊控制器的解析求导过程。本章中，用下标 t 来表明传统模糊控制器的变量或者参数。

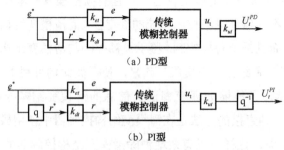

k_{et}，k_{dt} -输入量化因子；k_{ut} -输出比例因子；q-微分算子

图 6-1 传统两项输入模糊控制

1. 输入、输出变量的隶属度函数

传统两项输入模糊控制器的两个输入变量分别为量化的误差 e 及误差变化率 r（参见图 6-1），其中 $e = k_{et}e^*$，$r = \dot{e} = k_{dt}r^*$，k_{et} 和 k_{dt} 分别为实际误差 e^* 及误差变化量 r^* 的量化因子。这两个输入变量的隶属度函数均选为具有宽度为 $2c_t$ 的标准三角形状（参见图 6-2（a））。每个变量均设计了 $2N+1$ 个模糊集，其中 N 个模糊集用于表示正值，N 个模糊集用于表示负值，1 个用于表示零值。因此，N 的最小值为 1，于是可知 $2N+1 \geq 3$。误差 e 及误差变化率 r 的模糊集可分别用 $\{A_{-N}, A_{-N+1}, \cdots, A_{-1}, A_0, A_1, \cdots, A_{N-1}, A_N\}$ 及 $\{B_{-N}, B_{-N+1}, \cdots, B_{-1}, B_0, B_1, \cdots, B_{N-1}, B_N\}$ 表示。输出变量 u_t 采用如图 6-2（b）所示的单点式模糊集，其中两个相邻模糊集中心距离为 H_t。

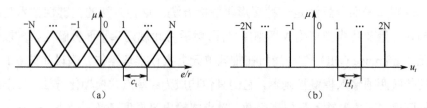

图 6-2 误差 e、误差变化量 r 及输出 u_t 的隶属度函数

2. 线性规则库

线性规则具有如下表示形式，即

$$R(i,j): \text{If } e \text{ is } A_i \text{ and } r \text{ is } B_j \text{ Then } u_t \text{ is } V_{i,j} \qquad (6-1)$$

其中，e 及 r 分别为量化的误差及误差变化率；A_i 及 B_j 均为具有三角隶属度函数的传统模糊集；u_t 为控制输出；$V_{i,j}$ 为单点式模糊集，其只在 $(i+j)H_t$ 处为非零；$i,j \in \{-N,-N+1,\cdots,-1,0,1,\cdots,N-1,N\}$。

3. 解析推导

确定输入变量、模糊集及规则之后，规则库可映射到由输入变量 e 及 r 所形成的相平面上，并且分解成很多小方块，如图 6-3 所示。这些小方块在文献[60]中被称为推理单元，所有的模糊推理操作都将在这些推理单元上进行。不失一般性，选择推理单元 $Q(i,j)$ 做具体分析。

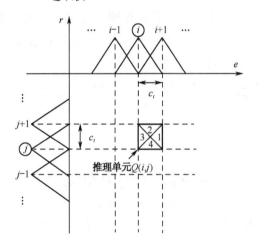

图 6-3 规则库相平面分解成推理单元

当输入对 (e,r) 落在推理单元 $Q(i,j)$ 中时，不等式 $r_t = j_t c\,(i=\cdots,-1,0,1,\cdots)$ 及 $jc_t \leq r < (j+1)c_t\,(j=\cdots,-1,0,1,\cdots)$ 恒成立。推理单元 $Q(i,j)$ 可视为由 e 及 r 的四个交叠的隶属函数（A_i、A_{i+1}、B_j 及 B_{j+1}）构成的方块，其被两个对角线分解成四个子区域（IC_1 至 IC_4）。误差 e 将产生两个隶属度 μ_i 及 μ_{i+1}，其分别表

示为 $\mu_i = 1+i-e/c_t$ 及 $\mu_{i+1} = 1-\mu_i$；误差变化率 r 将产生两个隶属度 μ_j 及 μ_{j+1}，其分别表示为 $\mu_j = 1+j-r/c_t$ 及 $\mu_{j+1} = 1-\mu_j$。

输入对 (e,r) 落在推理单元 $Q(i,j)$ 中意味着激发了四条规则 $R(i,j)$、$R(i,j+1)$、$R(i+1,j)$ 及 $R(i+1,j+1)$。而当输入对 (e,r) 落在不同的子区域上时，μ_i、μ_{i+1}、μ_j 及 μ_{j+1} 将存在如下不等式关系，即

$$IC_1: \begin{cases} \mu_i \leqslant \mu_{j+1} \leqslant \mu_j \leqslant \mu_{i+1} & \mu_j \in [0.5,1] \\ \mu_i \leqslant \mu_j \leqslant \mu_{j+1} \leqslant \mu_{i+1} & \mu_j \in [0,0.5] \end{cases} \quad (6\text{-}2)$$

$$IC_2: \begin{cases} \mu_j \leqslant \mu_{i+1} \leqslant \mu_i \leqslant \mu_{j+1} & \mu_i \in [0.5,1] \\ \mu_j \leqslant \mu_i \leqslant \mu_{i+1} \leqslant \mu_{j+1} & \mu_i \in [0,0.5] \end{cases} \quad (6\text{-}3)$$

$$IC_3: \begin{cases} \mu_{i+1} \leqslant \mu_{j+1} \leqslant \mu_j \leqslant \mu_i & \mu_j \in [0.5,1] \\ \mu_{i+1} \leqslant \mu_j \leqslant \mu_{j+1} \leqslant \mu_i & \mu_j \in [0,0.5] \end{cases} \quad (6\text{-}4)$$

$$IC_4: \begin{cases} \mu_{j+1} \leqslant \mu_{i+1} \leqslant \mu_i \leqslant \mu_j & \mu_i \in [0.5,1] \\ \mu_{j+1} \leqslant \mu_i \leqslant \mu_{i+1} \leqslant \mu_j & \mu_i \in [0,0.5] \end{cases} \quad (6\text{-}5)$$

若前件集合采用"最小"操作，使用式（6-2）～式（6-5），则每条规则的激发强度可以具体计算出来并列于表6-1中。使用Center-of-sets法去模糊化，清晰的输出值可由下式给出，即

$$u = \frac{g}{d} = \frac{(i+j)H_t\mu_{i,j} + (i+j+1)H_t\mu_{i,j+1} + (i+1+j)H_t\mu_{i+1,j} + (i+1+j+1)H_t\mu_{i+1,j+1}}{\mu_{i,j} + \mu_{i,j+1} + \mu_{i+1,j} + \mu_{i+1,j+1}}$$

（6-6）

其中

$$g = (i+j)H_t\mu_{i,j} + (i+j+1)H_t\mu_{i,j+1} + (i+1+j)H_t\mu_{i+1,j} + (i+1+j+1)H_t\mu_{i+1,j+1} \quad (6\text{-}7)$$

$$d = \mu_{i,j} + \mu_{i,j+1} + \mu_{i+1,j} + \mu_{i+1,j+1} \quad (6\text{-}8)$$

上式中，$\mu_{i,j}$ 为规则 $R(i,j)$ 的激发强度；g 与 d 分别为输入对 (e,r) 落入推理单元 $Q(i,j)$ 中对输出变量 u 的分子与分母的影响，参见表6-1。

表6-1 当输入 (e,r) 落在推理单元 $Q(i,j)$ 中时规则的激发强度

$Q(i,j)$ 的子区域	$R(i,j)$	$R(i,j+1)$	$R(i+1,j)$	$R(i+1,j+1)$
IC_1	μ_i	μ_i	μ_j	μ_{j+1}
IC_2	μ_j	μ_i	μ_j	μ_{i+1}

续表

$Q(i,j)$ 的子区域	$R(i,j)$	$R(i,j+1)$	$R(i+1,j)$	$R(i+1,j+1)$
IC_3	μ_j	μ_{j+1}	μ_{i+1}	μ_{i+1}
IC_4	μ_i	μ_{j+1}	μ_{i+1}	μ_{j+1}

4．解析结果

经过进一步推导，得到传统模糊控制器的解析表达式，即

$$u_t = H_t \gamma_t S_t / c_t + H_t(1-\gamma_t)\psi_t \tag{6-9}$$

其中

$S_t = e + r$；

$\gamma_t = \dfrac{1}{1+2\mu'}$ 为一非线性参数，其中 μ' 为一隶属度，当输入对 (e,r) 落入推理单元 $Q(i,j)$ 的不同子区域中，它具有不同的值，具体参见表 6-2；

$\psi_t = i + j + 1$；

i 和 j 均为整数，$-N \leq i,j \leq N-1$，(ic_t, jc_t) 表示量化输入对 (e,r) 落在规则库平面上的某个推理单元 $Q(i,j)$ 的坐标位置（参见图 6-3）。

表 6-2　推理单元 $Q(i,j)$ 不同子区域内 μ' 的隶属度值

$Q(i,j)$ 的子区域	μ'
IC_1	$\mu_i = 1 + i - e/c_t$
IC_2	$\mu_j = 1 + j - r/c_t$
IC_3	$1 - \mu_i$
IC_4	$1 - \mu_j$

6.5　本篇主要工作

本篇工作主要集中在三域模糊控制器的数学解析式推导及结构、三域模糊控制器的结构分析及空间分布三域模糊控制系统的稳定性设计方法。

第 7 章在传统模糊控制解析结构的基础上，结合了空间分布系统的空间特点，利用规则库平面分解方法，推导得到了三域模糊控制器的数学解析式。

第 8 章在三域模糊控制器的数学解析式的基础上，对三域模糊控制器进行了结构分析。一方面，三域模糊控制器在空间上具有滑模变结构；另一方面，三域模糊控制器在空间上与传统模糊控制器具有等价结构，三域模糊控制器可以看成是多个传统模糊控制器在空间点上的集成。

第 9 章在三域模糊控制器结构分析的基础上，探讨了三域模糊控制下的空间分布动态系统的稳定性。针对三域模糊控制器所具备的空间上滑模变结构特点，运用 Lyapunov 函数，给出了全局稳定性条件以及据此设计控制器参数的方法；利用 3-D 模糊控制与传统模糊控制的空间等价关系，运用小增益定理，给出了全局 BIBO 稳定性条件以及据此设计控制器参数的方法。

第 7 章　三域模糊控制器的数学解析

在传统模糊控制器的规则库平面分解法基础上，结合了三域模糊控制器的空间分布特点，三域模糊控制器的规则库平面可以看成多个传统模糊控制器规则库平面在空间上合成的结果。从而推导得到了三域模糊控制器数学解析式[61]。

7.1　三域模糊控制器的规则库平面分解

两项输入三域模糊控制器（参见图 7-1）采用单点式模糊化方法、二维线性规则库、三角形输入隶属度函数、单点式输出隶属度函数、最小 t-norm、最大 t-conorm、加权综合法降维及 Center-of-sets 法去模糊化。根据三域模糊集的特性，三域模糊控制器的规则库平面可以看成多个传统模糊控制器规则库平面的在空间上合成的结果。

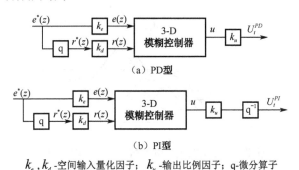

(a) PD型

(b) PI型

k_e, k_d -空间输入量化因子；k_u -输出比例因子；q-微分算子

图 7-1　两项输入三域模糊控制器

融合空间信息的三域模糊控制器

1. 空间输入变量及三域模糊集

三域模糊控制器的输入变量可定义为量化的误差 $e(z)$ 及误差变化率 $r(z)$，它们是空间坐标 z 的函数。实际应用时，由于使用有限数目传感器测量信息，因此，$e(z)$ 及 $r(z)$ 可以表示为空间域 $Z=\{z_1,\cdots,z_p\}$ 上的离散形式，即 $e(z_I)=e_I=k_{eI}e_I^*$ 与 $r(z_I)=r_I=k_{dI}r_I^*$（$I=1,\cdots,p$），其中 $e_I \in E \subset IR$ 与 $r_I=\dot{e}_I \in \Delta E \subset IR$ 分别为来自传感点 $z=z_I$ 的量化误差及误差变化率，E 与 ΔE 分别为 e_I 与 r_I 的论域，k_{eI} 与 k_{dI} 分别为误差 e_I^* 与误差变化率 r_I^* 的量化因子，p 为传感器数目。

实际上，空间输入变量的三域模糊集可由空间域上每个测量点上的输入变量的传统二维模糊集组合而成。在测量点 $z=z_I$（$I=1,\cdots,p$）处，量化误差 e_I 与误差变化率 r_I 的论域均定义为 $[-L,L]$，它们的二维模糊集均选用宽度为 $2c$ 的标准三角形隶属度函数（形状可参见图 6-2（a））。共采用 $2N+1$ 个模糊集，其中 N 个模糊集用于表示正值，N 个模糊集用于表示负值，1 个用于表示零值。N 的最小值为 1，因此 $2N+1 \geq 3$。误差 e_I 及误差变化率 r_I 的输入模糊集可分别用 $\{A_{-N}^I,\cdots,A_{-1}^I,A_0^I,A_1^I,\cdots,A_N^I\}$ 及 $\{B_{-N}^I,\cdots,B_{-1}^I,B_0^I,B_1^I,\cdots,B_N^I\}$ 表示。图 7-2 给出一个例子：一组三角形隶属度函数 $\{A_1^1,A_1^2,\cdots,A_1^5\}$ 构成了三域模糊集 $\overline{A}_1$。输出变量 u 的论域定义为 $[-V_u,V_u]$，它采用单点式模糊集，其中两个相邻模糊集中心距离为 H（形状可参见图 6-2（b））。

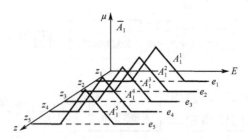

图 7-2 多个二维模糊集构成一个三域模糊集

2. 线性空间规则库

线性空间模糊规则可以由下式来表示，即

$$\bar{R}(i,j): \text{If } e(z) \text{ is } \bar{A}_i \text{ and } r(z) \text{ is } \bar{B}_j \text{ Then } u \text{ is } V_{i,j} \qquad (7\text{-}1)$$

其中，$e(z)$ 与 $r(z)$ 均为量化空间输入变量，$\bar{A}_i$ 与 $\bar{B}_j$ ($i,j = -N\cdots,-1,0,1,\cdots,N$) 均为三域模糊集，$u$ 为控制输出，$u \in U_u \subset IR$，$V_{i,j}$ 为单点式模糊集，其只在 $(i+j)H$ 处为非零。

注：比较式（7-1）与式（6-1），可以看出三域模糊控制器与传统模糊控制器具有相似的规则结构，差别在于式（7-1）的输入变量与空间变量 z 有关（如 $e(z)$ 与 $r(z)$），并且它的输入模糊集具有空间特性（如 $\bar{A}_i$ 与 $\bar{B}_j$）。

3. 线性空间规则库平面分解

对两项输入传统模糊控制器而言，它的二维线性规则库平面可直接分解成很多推理单元（参见图 6-3），然后在这些推理单元上进行推理操作，便可得到它的数学解析结构。对于三域模糊控制器而言，由于三域模糊集可以看成是空间域上每个传感器测量点上二维模糊集的合成结果，则基于三域模糊集的线性规则库平面便可看成是在每个传感器测量点上的基于二维模糊集的传统线性规则库平面的在空间域上合成的结果，如图 7-3 所示。换言之，对于来自测量点 $z = z_I$ 的输入对 (e_I, r_I)，总对应一个传统线性规则库平面，其可分解成很多推理单元；对于空间输入对 $(e(z), r(z))$，三域模糊控制器的线性规则库平面则等价于 p 个传统线性规则库平面的在空间域上的合成。

不失一般性，对来自传感器测量点 $z = z_I$ 的输入对 (e_I, r_I) 进行分析。假设此输入对落入如图 6-3 所示的推理单元 $Q(i,j)$ 中，此推理单元由两对角线分成了 4 个子区域（IC_1、IC_2、IC_3 及 IC_4），则下列事实恒成立。

（1）激发了四条规则 $\bar{R}(i,j)$，$\bar{R}(i,j+1)$，$\bar{R}(i+1,j)$，$\bar{R}(i+1,j+1)$。

（2）产生四个隶属度，由 e_I 产生 μ_i 与 μ_{i+1}，由 r_I 产生 μ_j 与 μ_{j+1}，其中 $\mu_i = 1 + i - e_I/c$，$\mu_{i+1} = 1 - \mu_i$，$\mu_j = 1 + j - r_I/c$，$\mu_{j+1} = 1 - \mu_j$。

（3）当输入对落入推理单元的不同子区域内，上述四个隶属度具有不同的大小关系(参见式(6-2)~(6-5))。

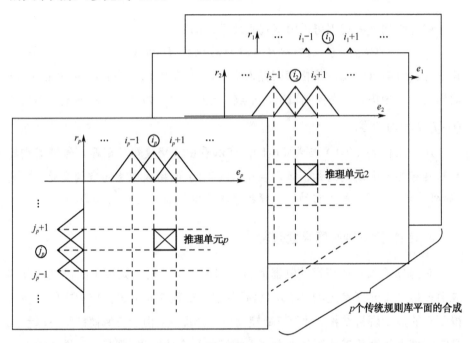

图 7-3 三域模糊控制器的规则库平面等价于 p 个传统规则库平面的合成

既然每个测量点上的量化输入对必定落入规则库平面上某一推理单元之中,因此空间输入对在每一时刻必定落入 p 个推理单元之中。对于传统模糊控制器而言,推理操作将在输入对所落入的那个推理单元上执行,而对于三域模糊控制器而言,三域推理操作将在空间输入对所落入的 p 个推理单元上同时执行。

4．三域规则推理

由于三域规则推理机是由空间信息融合、降维及传统推理三个子模块构成,推理操作将由三个子模块顺序执行。对于每条激发的规则,空间信息融合模块首先将融合每一空间点上的信息而最终形成一个空间隶属度分布;然后,降维模块把上述的三维空间分布信息压缩成二维信息,产生规则的激发强度;

第7章 三域模糊控制器的数学解析

最后,传统推理模块执行传统模糊推理操作。

(1) 空间信息融合

由于采用单点式模糊器,空间信息融合模块对第 l 条激发规则在每一传感器测量点上的隶属度对执行与操作,便可得到下式,即

$$\begin{cases} \mu_{z1}^l = T(\mu_{e1}^l, \mu_{r1}^l) \\ \mu_{z2}^l = T(\mu_{e2}^l, \mu_{r2}^l) \\ \vdots \\ \mu_{zp}^l = T(\mu_{ep}^l, \mu_{rp}^l) \end{cases}$$

其中, μ_{eI}^l 和 μ_{rI}^l 为来自传感器测量点 $z = z_I$ 的输入对 (e_I, r_I) 在第 l 条激发规则前件集产生的隶属度;$T(\cdot,\cdot)$ 为 t-norm,这里采用 min 操作。

(2) 降维

这里采用加权综合法实现空间信息压缩操作,也称之为加权综合法降维[61]。假设所有激发的规则在每个传感器测量点上均具有相同的权值,即在测量点 $z = z_I$ 上权值为 $\omega_I (I = 1, \cdots, p)$,其中 $\omega_I \in IR$ 并且 $\sum_{I=1}^{p} \omega_I > 0$,并且在每一传感器测量点上的权值与空间隶属度是呈线性的关系。由降维模块对每一激发规则的空间信息进行压缩,产生每一激发规则的激发强度如下式,即

$$\begin{cases} \mu_{\overline{R}1} = \omega_1 \mu_{z1}^1 + \omega_2 \mu_{z2}^1 + \cdots + \omega_p \mu_{zp}^1 \\ \vdots \\ \mu_{\overline{R}l} = \omega_1 \mu_{z1}^l + \omega_2 \mu_{z2}^l + \cdots + \omega_p \mu_{zp}^l \\ \vdots \\ \mu_{\overline{R}N'} = \omega_1 \mu_{z1}^{N'} + \omega_2 \mu_{z2}^{N'} + \cdots + \omega_p \mu_{zp}^{N'} \end{cases} \quad (7-2)$$

其中,μ_{zI}^l 为第 l 条激发规则在传感器测量点 $z = z_I$ 上的空间隶属度 ($I = 1, \cdots, p; l = 1, \cdots, N'$);$\mu_{\overline{R}l}$ 为第 l 条激发规则 $\overline{R}(i_l, j_l)$ 的激发强度;N' 为所激发规则的数目。

(3) 传统推理操作

对于第 l 条激发规则采取 Mamdani 蕴涵操作,便可得

$$\mu_{i_l, j_l}(u) = T(\mu_{\overline{R}l}, \mu_{V_{i_l, j_l}}(u)) \quad u \in U_u \quad (7-3)$$

其中，$T(\cdot,\cdot)$ 为 t-norm，这里采用 min 操作。

由于输出变量采用单点模糊集，则式（7-3）可写为下式，即

$$\begin{cases} \mu_{i_I,j_I}(u) = T(\mu_{\overline{R}_I},1) = \mu_{\overline{R}_I} & \text{for } u = (i_I + j_I)H \\ \mu_{i_I,j_I}(u) = T(\mu_{\overline{R}_I},0) = 0 & \text{for } u \in U_u \text{ with } u \neq (i_I + j_I)H \end{cases}$$

5. 去模糊化

最后采用 Center-of-sets 作为去模糊化方法，产生如下清晰化的输出，即

$$\begin{aligned} u &= \frac{(i_1+j_1)H\mu_{i_1,j_1}((i_1+j_1)H) + \cdots + (i_{N'}+j_{N'})H\mu_{i_{N'},j_{N'}}((i_{N'}+j_{N'})H)}{\mu_{i_1,j_1}((i_1+j_1)H) + \cdots + \mu_{i_{N'},j_{N'}}((i_{N'}+j_{N'})H)} \\ &= \frac{(i_1+j_1)H\mu_{\overline{R1}} + \cdots + (i_{N'}+j_{N'})H\mu_{\overline{RN'}}}{\mu_{\overline{R1}} + \mu_{\overline{R2}} + \cdots + \mu_{\overline{RN'}}} \end{aligned} \quad (7\text{-}4)$$

将式（7-2）代入上式，可得

$$u = \frac{\omega_1 g_{z1} + \cdots + \omega_I g_{zI} + \cdots + \omega_p g_{zp}}{\omega_1 d_{z1} + \cdots + \omega_I d_{zI} + \cdots + \omega_p d_{zp}} \quad (7\text{-}5)$$

其中，
$$g_{zI} = (i_1+j_1)H\mu_{zI}^1 + (i_2+j_2)H\mu_{zI}^2 + \cdots + (i_{N'}+j_{N'})H\mu_{zI}^{N'}$$
$$d_{zI} = \mu_{zI}^1 + \mu_{zI}^2 + \cdots + \mu_{zI}^{N'}$$
$$I = 1,\cdots,p$$

g_{zI} 与 d_{zI} 分别为输入对（e_I,r_I）落入推理单元 $Q(i_I,j_I)$ 中对输出变量 u 分子与分母的影响。

对于每一输入对均可使用 6.4 节的传统解析方法进行解析推导。例如，来自传感器测量点 $z = z_I$ 的输入对（e_I,r_I）落入推理单元 $Q(i_I,j_I)$ 的子区域 IC_1 中。那么将激发四条规则 $\overline{R}(i_I,j_I)$、$\overline{R}(i_I,j_I+1)$、$\overline{R}(i_I+1,j_I)$ 及 $\overline{R}(i_I+1,j_I+1)$，它们产生四个隶属度 μ_{i_I}、μ_{i_I+1}、μ_{j_I} 及 μ_{j_I+1}，其中 μ_{i_I} 与 μ_{i_I+1} 是由 e_I 产生，μ_{j_I} 与 μ_{j_I+1} 是由 r_I 产生。与式（6-7）～（6-8）相似，g_{zI} 与 d_{zI} 可写成

$$\begin{aligned} g_{zI} = &(i_I+j_I)H\mu_{i_I,j_I} + (i_I+j_I+1)H\mu_{i_I,j_I+1} + (i_I+1+j_I)H\mu_{i_I+1,j_I} + \\ &(i_I+1+j_I+1)H\mu_{i_I+1,j_I+1} \end{aligned} \quad (7\text{-}6)$$

$$d_{zI} = \mu_{i_I,j_I} + \mu_{i_I,j_I+1} + \mu_{i_I+1,j_I} + \mu_{i_I+1,j_I+1} \quad (7\text{-}7)$$

应用表 6-1，规则 $\overline{R}(i_I,j_I)$、$\overline{R}(i_I,j_I+1)$、$\overline{R}(i_I+1,j_I)$ 及 $\overline{R}(i_I+1,j_I+1)$ 的激

发强度分别为 $\mu_{i_I,j_I} = \mu_{i_I}$、$\mu_{i_I,j_I+1} = \mu_{i_I}$、$\mu_{i_I+1,j_I} = \mu_{j_I}$ 及 $\mu_{i_I+1,j_I+1} = \mu_{j_I+1}$。将它们代入式（7-6）与（7-7），可得

$$g_{zI} = (i_I + j_I)H\mu_{i_I} + (i_I + j_I + 1)H\mu_{i_I} + (i_I + 1 + j_I)H\mu_{j_I} + (i_I + 1 + j_I + 1)H\mu_{j_I+1}$$

（7-8）

$$d_{zI} = \mu_{i_I} + \mu_{i_I} + \mu_{j_I} + \mu_{j_I+1}$$ （7-9）

然后，应用 $\mu_{i_I} = 1 + i_I - e_I/c$、$\mu_{j_I} = 1 + j_I - r_I/c$ 及 $\mu_{j_I+1} = 1 - \mu_{j_I}$，可得

$$g_{zI} = 2\mu_{i_I}k_IH + (e_I + r_I)H/c$$ （7-10）

$$d_{zI} = 1 + 2\mu_{i_I}$$ （7-11）

其中，$k_I = i_I + j_I + 1$，$\mu_{i_I} = 1 + i_I - e_I/c$。

表 7-1 当输入对 (e_I,r_I) 落在推理单元 $Q(i_I,j_I)$ 的不同子区域内时 g_{zI} 与 d_{zI} 的值

$Q(i_I,j_I)$ 的子区域	g_{zI}	d_{zI}
IC$_1$	$2\mu_{i_I}k_IH + (e_I+r_I)H/c$	$1+2\mu_{i_I}$
IC$_2$	$2\mu_{j_I}k_IH + (e_I+r_I)H/c$	$1+2\mu_{j_I}$
IC$_3$	$2(1-\mu_{i_I})k_IH + (e_I+r_I)H/c$	$1+2(1-\mu_{i_I})$
IC$_4$	$2(1-\mu_{j_I})k_IH + (e_I+r_I)H/c$	$1+2(1-\mu_{j_I})$

当输入对 (e_I,r_I) 落在其他子区域内（如 IC$_2$～IC$_4$），采用相似地推导方法便可得到相应的 g_{zI} 与 d_{zI} 值，其值列在表 7-1 中。

7.2 三域模糊控制的数学解析结果

由式（7-5）与表 7-1，可以得到三域模糊控制器的输出为[61]

$$u = \frac{H}{c}\gamma[\omega_1 s_1^* + \omega_2 s_2^* + \cdots + \omega_p s_p^*] + 2\gamma H[\omega_1 k_1\mu_1 + \omega_2 k_2\mu_2 + \cdots + \omega_p k_p\mu_p]$$ （7-12）

其中

$$s_I^* = e_I + r_I = k_{eI}e_I^* + k_{dI}r_I^* = \vartheta_I k_{dI}e_I^* + k_{dI}r_I^* \quad (k_{eI} = \vartheta_I k_{dI}, \vartheta_I > 0)$$

$$\gamma^{-1} = \omega_1(1+2\mu_1) + \omega_2(1+2\mu_2) + \cdots + \omega_p(1+2\mu_p)$$

$$k_I = i_I + j_I + 1$$
$$I = 1,\cdots,p$$

μ_I 为隶属度，当输入对 (e_I, r_I) 落在推理单元 $Q(i_I, j_I)$ 的不同子区域内时其具有不同的值（参见表 7-2）。

表 7-2 推理单元 $Q(i_I, j_I)$ 不同子区域内 μ_I 的隶属度值

$Q(i_I, j_I)$ 的子区域	μ_I
IC_1	$\mu_{i_I} = 1 + i_I - e_I/c$
IC_2	$\mu_{j_I} = 1 + j_I - r_I/c$
IC_3	$1 - \mu_{i_I}$
IC_4	$1 - \mu_{j_I}$

第 8 章　三域模糊控制器的结构分析

基于三域模糊控制器的数学解析式，可以对三域模糊控制器的结构进行分析。本章从两个方面分析了三域模糊控制器的结构：滑模的角度[61]与空间等价的角度[62]。

8.1　三域模糊控制器的滑模结构

由式（7-12），图 7-1（a）所示的两项输入三域模糊控制器的最终输出可以写为下式，即

$$\begin{aligned} U &= k_u u \\ &= k_u \omega H \gamma \left(\frac{s^* - Kc}{\omega c} \right) + k_u H \gamma \kappa_\mu \\ &= k_u \omega H \gamma \left(\frac{\omega_1 s_1 + \omega_2 s_2 + \cdots + \omega_p s_p}{\omega c} \right) + k_u H \gamma \kappa_\mu \\ &= k_u \omega H \gamma \operatorname{sat} \left(\frac{s}{\omega c} \right) + u_{eq} \end{aligned} \quad (8\text{-}1)$$

其中

$$s_I^* = e_I + r_I = k_{eI} e_I^* + k_{dI} r_I^* = \vartheta_I k_{dI} e_I^* + k_{dI} r_I^* \quad (k_{eI} = \vartheta_I k_{dI}, \vartheta_I > 0)$$

$$s^* = \omega_1 s_1^* + \omega_2 s_2^* + \cdots + \omega_p s_p^*$$

$$s_I = s_I^* - k_I c$$

$$\gamma^{-1} = \omega_1 (1 + 2\mu_1) + \omega_2 (1 + 2\mu_2) + \cdots + \omega_p (1 + 2\mu_p)$$

■融合空间信息的三域模糊控制器■

$$K = \omega_1 k_1 + \omega_2 k_2 + \cdots + \omega_p k_p$$

$$\kappa_\mu = \omega_1 k_1(1+2\mu_1) + \omega_2 k_2(1+2\mu_2) + \cdots + \omega_p k_p(1+2\mu_p)$$

$$\omega = \omega_1 + \cdots + \omega_p$$

$$k_I = i_I + j_I + 1$$

$$I = 1,\cdots,p$$

$s = s^* - Kc = \omega_1 s_1 + \omega_2 s_2 + \cdots + \omega_p s_p$ 为切换函数；

$u_{eq} = k_u H \gamma \kappa_\mu$ 为等价控制项；

$\mathrm{sat}\left(\dfrac{s}{\omega c}\right) = \begin{cases} \mathrm{sgn}(s) & |s| \geq \omega c \\ \dfrac{s}{\omega c} & |s| \leq \omega c \end{cases}$，$\mathrm{sat}\left(\dfrac{s}{\omega c}\right)$ 为符号函数 $\mathrm{sgn}(s)$ 的一个连续近似，其具有边界层 ωc。

式（8-1）揭示了 PD 型三域模糊控制器在整个空间域上具有一个全局滑模结构[61]，它的等价控制项为 $k_u H \gamma \kappa_\mu$，切换控制项为 $k_u \omega H \gamma \mathrm{sat}\left(\dfrac{s}{\omega c}\right)$。如图 8-1 所示，在每个空间点 $z = z_I$ 上（$I = 1,\cdots,p$），均存在一个局部滑模面 $s_I^* = k_I c$。当 $k_I \neq 0$ 时，称滑模面 $s_I^* = k_I c$ 为伪滑模面，而当 $k_I = 0$ 时，称其为真正的滑模面[61]。而空间域上所有局部滑模面又构成了一个全局滑模面 $s^* = Kc$，参见图 8-1。当 $K \neq 0$ 时，称滑模面 $s^* = Kc$ 为伪滑模面，而当 $K = 0$ 时，称其是真正的滑模面。若系统因某些未知扰动或者不确定因素而偏离平衡点时，等价控制项将驱使空间域上的状态到达某一层（如第 K 层）的全局滑模面上，与此同时，将驱使每一空间点上的状态到达它的局部滑模面上（如第 k_I 层）；当未知扰动或不确定因素减小，系统状态将会逐渐返回到它的平衡点时，空间域上的状态将最终达到全局滑模面 $s^* = 0$，而每一空间点上的状态将最终达到它的局部滑模面 $s_I^* = 0$。

空间域上的全局滑模结构揭示了三域模糊控制器通过使用少量传感器能够比传统模糊控制器更加有效地处理空间信息的原因。如果缺乏空间信息，或者说，仅使用一个传感器作为测量输入，则具有空间分布的全局滑模面将退化为在一个传感器位置点上的滑模，而由式（8-1）所表示的三域模糊控制器就退化为由式（6-9）所表示的传统模糊控制器。

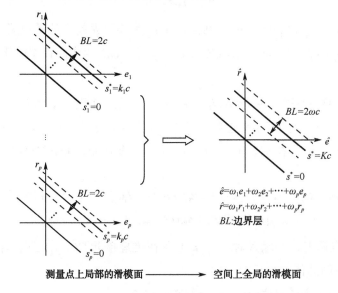

图 8-1　三域模糊控制器的局部与全局滑模面

8.2　三域模糊控制器的空间等价结构

式（8-1）又可以写成如下表达形式[62]，即

$$u = \sum_{I=1}^{p}(\beta_I H k_I + H\alpha_I(\Delta e_I + \Delta r_I)/c) = \sum_{I=1}^{p}(\beta_I u_{GI} + \alpha_I u_{LI}) = u_G + u_L \quad (8\text{-}2)$$

其中

$$u_{GI} = Hk_I \quad (8\text{-}3)$$

$$u_{LI} = H(\Delta e_I + \Delta r_I)/c \quad (8\text{-}4)$$

$$u_I = u_{GI} + u_{LI} \quad (8\text{-}5)$$

$$u_G = \sum_{I=1}^{p}\beta_I u_{GI} \quad (8\text{-}6)$$

$$u_L = \sum_{I=1}^{p} \alpha_I u_{LI} \qquad (8\text{-}7)$$

$\Delta e_I = e_I - (i_I + 0.5)c$，$e_I = GE_I e_I^*$，$GE_I$ 为实际误差 e_I^* 的量化因子；

$\Delta r_I = r_I - (j_I + 0.5)c$，$r_I = GE_I r_I^*$，$r_I^* = \dot{e}_I^*$，$GR_I$ 为实际误差变化量 r_I^* 的量化因子；

i_I 与 j_I 均为整数，$-N \leq i_I, j_I \leq N-1$，$(i_I c, j_I c)$ 表示量化输入对 (e_I, r_I) 落在规则库平面上的某个推理单元 $Q(i_I, j_I)$ 的坐标位置（可参见图 6-3）；由于输入对 (e_I, r_I) 落在推理单元 $Q(i_I, j_I)$ 中，因此 $|\Delta e_I| \leq 0.5c$ 与 $|\Delta r_I| \leq 0.5c$ 总是成立。

$$\beta_I = \omega_I(1+2\mu_I)/(\omega_1(1+2\mu_1)+\omega_2(1+2\mu_2)+\cdots+\omega_q(1+2\mu_q))$$
$$\alpha_I = \omega_I/[\omega_1(1+2\mu_1)+\omega_2(1+2\mu_2)+\cdots+\omega_q(1+2\mu_q)]$$

μ_I 为隶属度，当输入对 (e_I, r_I) 落在推理单元 $Q(i_I, j_I)$ 的不同子区域内时其具有不同的值（参见表 6-1）；

ω_I 表示在传感器位置 $z=z_I$ 上的空间权值；

$$k_I = i_I + j_I + 1$$
$$I = 1, \cdots, p$$

对于 PI 型两项输入模糊控制器而言，控制器的最终输出为 $U^{PI} = \int k_u u dt$；对于 PD 型两项输入模糊控制器而言，控制器的最终输出为 $U^{PD} = k_u u$。比较式（8-2）与式（6-9）可以发现，三域模糊控制器与传统模糊控制器具有一定相似性，然而，由于三域模糊控制器接受较多的空间信息输入，其有着更为复杂的结构。

1. 空间等价结构

由式（8-2），可以把两项输入三域模糊控制器解释为具有如图 8-2 所示的等价结构[62]：在每一传感器位置点 $z=z_I (I=1,\cdots,p)$ 上均存在一个传统两项输入模糊控制器，它的输入为来自空间点上的量化误差 e_I 及误差变化量 r_I，产生控制行为 u_I（参见式（8-5））；在整个空间域上，空间耦合参数 $\alpha_1,\cdots,\alpha_p$ 及 $\beta_1,\cdots,\beta_p$ 作用于多个传统两项输入模糊控制器而最终产生总控制行为 u。

在每个传感器测量点 $z=z_I$ 上的传统两项输入模糊控制器是由全局的二维多值继电器与局部 PI/PD 控制器构成的。前者是根据输入对 (e_I, r_I) 所在的推理单元 $Q(i_I, j_I)$ 的中心位置来计算它的控制行为 u_{GI}（参见式（8-3））；后者则是根据输入对 (e_I, r_I) 与推理单元 $Q(i_I,j_I)$ 中心位置（$(i_I+0.5)c$, $(j_I+0.5)c$）之间的相对位置来计算它的控制行为 u_{LI}（参见式（8-4）），它将局部调整全局二维多值继电器的输出。空间耦合参数 $\alpha_1,\cdots,\alpha_p$ 影响每个传感器测量点上的传统两项输入模糊控制器的局部 PI/PD 控制器的控制作用，在空间域上形成一个由式（8-7）表示的空间集总 PI/PD 型控制器；而空间耦合参数 $\beta_1,\cdots,\beta_p$ 影响每个传感器测量点上的传统两项输入模糊控制器的全局多值继电器的控制作用，在空间域上形成一个由式（8-6）表示的空间集总高维多值继电器。因此，两项输入三域模糊控制器在空间上可以看成是具有输出为 u_G 的空间集总高维多值继电器与具有输出为 u_L 的空间集总 PI/PD 型控制器的和。

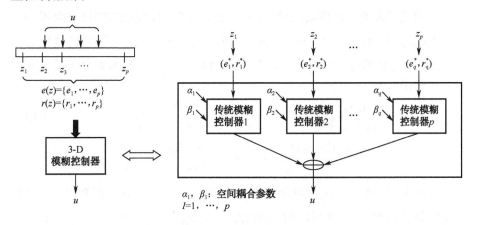

图 8-2 三域模糊控制器空间等价结构

$\alpha_1,\cdots,\alpha_p$ 与 $\beta_1,\cdots,\beta_p$ 是涉及到空间信息的重要参数，下面将着重讨论它们在三域模糊控制器中的作用。α_I 与 β_I ($I=1,\cdots,p$) 又可写成另外一种表达形式，如式（8-8）与（8-9）所示，其将作为后续讨论的基本表达式。

$$\alpha_I = \frac{0.5\omega_I c}{\omega_1(c-input_1)+\omega_2(c-input_2)+\cdots+\omega_p(c-input_p)} \quad (8\text{-}8)$$

$$\beta_I = \frac{\omega_I(c-input_I)}{\omega_1(c-input_1)+\omega_2(c-input_2)+\cdots+\omega_p(c-input_p)} \quad (8\text{-}9)$$

其中

$$input_I = \begin{cases} |e_I - (0.5+i_I)c| & (e_I, r_I) \text{ 在 IC}_1 \text{ 或 IC}_3 \text{ 中} \\ |r_I - (0.5+j_I)c| & (e_I, r_I) \text{ 在 IC}_2 \text{ 或 IC}_4 \text{ 中} \end{cases}, \quad 0 \leq input_I \leq 0.5c \text{。}$$

（1）$\alpha_1, \cdots, \alpha_p$ 的功能

对于每个传感器测量点 $z=z_I$（$I=1,\cdots,p$）上的传统两项输入模糊控制器，α_I 能够自动调整它的局部 PI/PD 控制器的比例增益与积分（或微分）增益，使其能够随空间域上的输入状态变化而变化。例如，局部 PD 控制器的比例增益与微分增益具有如下表达式，即

$$k_{pI} = \frac{H}{c} k_u GE_I \alpha_I = \frac{0.5 k_u GE_I \omega_I H}{\omega_1(c-input_1)+\omega_2(c-input_2)+\cdots+\omega_p(c-input_p)} \quad (8\text{-}10)$$

$$k_{dI} = \frac{H}{c} k_u GR_I \alpha_I = \frac{0.5 k_u GR_I \omega_I H}{\omega_1(c-input_1)+\omega_2(c-input_2)+\cdots+\omega_p(c-input_p)} \quad (8\text{-}11)$$

上面两式表明在传感器测量点 $z=z_I$ 上的局部 PD 控制器的增益会随着空间域上状态的变化而变化。不同位置点上的增益的相对大小与其对应位置点的量化因子及空间权值紧密相关，局部 PD 控制器的比例增益与微分增益具有如下变化范围，即

$$\frac{0.5 k_u GE_I \omega_I H}{(\omega_1+\omega_2+\cdots+\omega_p)c} \leq k_{pI} \leq \frac{k_u GE_I \omega_I H}{(\omega_1+\omega_2+\cdots+\omega_p)c} \quad (8\text{-}12)$$

$$\frac{0.5 k_u GR_I \omega_I H}{(\omega_1+\omega_2+\cdots+\omega_p)c} \leq k_{dI} \leq \frac{k_u GR_I \omega_I H}{(\omega_1+\omega_2+\cdots+\omega_p)c} \quad (8\text{-}13)$$

在整个空间域上，α_I 能够调整传感器测量点 $z=z_I$ 上的局部 PI/PD 控制器在空间集总 PI/PD 型控制器中所起的作用。令 α_{I1} 与 α_{I2} 分别为 $z=z_{I1}$ 与 $z=z_{I2}$ 上的空间耦合参数，于是可以得到下式，即

$$\alpha_{I1}/\alpha_{I2} = \omega_{I1}/\omega_{I2} \quad (8\text{-}14)$$

式（8-14）表明某一空间点上的局部 PI/PD 控制器在空间集总 PI/PD 型控制器中所起作用的大小是与那一空间点的空间权值紧密相关的：空间权值越大，作用越大；反之亦然。

(2) $\beta_1, \cdots, \beta_p$ 的功能

对于每个传感器测量点 $z = z_I$ ($I = 1, \cdots, p$) 上的传统两项输入模糊控制器，β_I 能够随着空间域上状态的变化自动调整它的全局二维多值继电器的输出。β_I 的变化范围是与空间域上的每个传感测器量点的空间权值紧密相关的，可由下式表示，即

$$\frac{\omega_I}{2(\omega_1 + \omega_2 + \cdots + \omega_p) - \omega_I} \leq \beta_I \leq \frac{2\omega_I}{(\omega_1 + \omega_2 + \cdots + \omega_p) + \omega_I} \quad (8\text{-}15)$$

在整个空间域上，β_I 能够调整传感器测量点 $z = z_I$ 上的全局二维多值继电器在空间集总高维多值继电器中所起的作用。令 β_{I1} 与 β_{I2} 分别为 $z = z_{I1}$ 与 $z = z_{I2}$ 上的空间耦合参数，可以得到下式，即

$$\beta_{I1}/\beta_{I2} = \omega_{I1}(c - input_{I1})/\omega_{I2}(c - input_{I2}) \quad (8\text{-}16)$$

式（8-16）表明某一空间点上的全局二维多值继电器在空间集总高维多值继电器中所起作用的大小是与那一空间点的输入状态和空间权值紧密相关的：空间权值越大，或者输入对（e_I, r_I）偏离推理单元 $Q(i_I, j_I)$ 的中心（$(i_I + 0.5)c, (j_I + 0.5)c$）越远，全局二维多值继电器在空间集总高维多值继电器中所起的作用越大；反之亦然。

2．三域模糊控制器的属性

（1）空间集总全局高维多值继电器及空间集总局部非线性 PI/PD 型控制器在总控制行为中的作用

由于两项输入三域模糊控制器的总控制行为是空间集总全局高维多值继电输出 u_G 与空间集总局部非线性 PI/PD 型控制输出 u_L 的和，可用指标 ρ[17] 去衡量二者在总控制行为中所起的作用。

$$\rho = \frac{u_{L\_\max}}{u_{G\_\max} + u_{L\_\max}} \times 100\% \quad (8\text{-}17)$$

其中，$u_{G\_\max}$ 与 $u_{L\_\max}$ 分别为 u_G 与 u_L 的最大绝对值。

当 $i_I = j_I = N - 1$ 或者 $i_I = j_I = -N$（$I = 1, \cdots, p$）时，u_G 有最大绝对值为 $u_{G\_\max} = H(N-2)$；当 $e_I = i_I c$ 且 $r_I = j_I c$ 时，或者，当 $e_I = (i_I + 1)c$ 且 $r_I = (j_I + 1)c$

时，u_L 有最大绝对值为 $u_{L\_\max} = H$。因此，由式（8-17）表示的比率可进一步表达为

$$\rho = \frac{1}{2N} \times 100\% \tag{8-18}$$

式（8-18）表明比率 ρ 与输入模糊集的数目 N 是直接相关的，当 N 越大，比率 ρ 越小，总控制行为中的局部非线性控制部分作用越小，而全局多值继电控制部分作用越大。

（2）当 $N \to \infty$ 时，两项输入三域模糊控制器的结构

从功能上看，在每个传感器测量点上都存在一个传统两项输入模糊控制器，其是全局的二维多值继电器与局部的线性 PI/PD 控制器的和。而在整个空间域上，由于空间耦合参数 $\alpha_1, \cdots, \alpha_p$ 及 $\beta_1, \cdots, \beta_p$ 作用于多个传统两项输入模糊控制器，使得两项输入三域模糊控制器可以看成是空间集总高维多值继电器与空间集总 PI/PD 型控制器的和。进一步研究发现，当输入模糊集的数目趋于无穷大时，即 $N \to \infty$，在每个传感器测量点上，传统两项输入模糊控制器的局部线性 PI/PD 控制器将为零，它的全局的二维多值继电器将成为一个非线性的 PI/PD 控制器，所以两项输入三域模糊控制器将成为一个非线性 PI/PD 型控制器。此结果可由下列定理给出。

定理 8.1[62]　当 $N \to \infty$ 时，两项输入三域模糊控制器将成为空间域上的非线性 PI/PD 型控制器。

证明：

由于 $i_I c \le e_I \le (i_I+1)c$，$j_I c \le r_I \le (j_I+1)c$，并且 $c = \dfrac{L}{N}$，则下列不等式成立，即

$$\frac{i_I}{N} \le \frac{e_I}{L} \le \frac{i_I+1}{N}, \quad \frac{j_I}{N} \le \frac{r_I}{L} \le \frac{j_I+1}{N} \tag{8-19}$$

$$0 \le \left|\frac{e_I - (0.5+i_I)c}{L}\right| \le \frac{0.5}{N}, \quad 0 \le \left|\frac{r_I - (0.5+j_I)c}{L}\right| \le \frac{0.5}{N} \tag{8-20}$$

当 $N \to \infty$ 时，可以得到

$$\frac{i_I}{N} \to \frac{e_I}{L}, \quad \frac{j_I}{N} \to \frac{r_I}{L} \tag{8-21}$$

第8章 三域模糊控制器的结构分析

$$\left|\frac{e_I-(0.5+i_I)c}{L}\right|\to 0, \left|\frac{r_I-(0.5+j_I)c}{L}\right|\to 0 \quad (8\text{-}22)$$

由于两项输入三域模糊控制器的总控制行为是 u_G 与 u_L 的和，当 $N\to\infty$ 时，将分别讨论二者的变化。

首先讨论 u_L，其可以写成下式，即

$$u_L=\sum_{I=1}^{p}\alpha_I u_{LI}=\sum_{I=1}^{p}\alpha_I\frac{H}{c}((e_I-(0.5+i_I)c)+(r_I-(0.5+j_I)c)) \quad (8\text{-}23)$$

把 $H=\dfrac{V_u}{2N}$ 与 $c=\dfrac{L}{N}$ 代入（8-23）式，可得

$$u_L=\sum_{I=1}^{p}\alpha_I\frac{V_u}{2}\left(\frac{e_I-(0.5+i_I)c}{L}+\frac{r_I-(0.5+j_I)c}{L}\right) \quad (8\text{-}24)$$

当 $N\to\infty$ 时，α_I 是有界的，并满足下列不等式，即

$$\frac{0.5\omega_I}{\omega_1+\omega_2+\cdots+\omega_p}\leqslant\alpha_I\leqslant\frac{\omega_I}{\omega_1+\omega_2+\cdots+\omega_p}$$

又由于式（8-22）成立，因此，u_L 趋于零，即 $u_L\to 0$。

然后，讨论 u_G，其可以写成下式，即

$$u_G=\sum_{I=1}^{p}\beta_I u_{GI}=\sum_{I=1}^{p}\frac{\omega_I(c-input_I)}{\omega_1(c-input_1)+\omega_2(c-input_2)+\cdots+\omega_p(c-input_p)}(i_I+j_I+1)H \quad (8\text{-}25)$$

把 $H=\dfrac{V_u}{2N}$ 与 $c=\dfrac{L}{N}$ 代入式（8-25），可以得到

$$u_G=\sum_{I=1}^{p}\frac{\omega_I\left(\dfrac{1}{N}-\dfrac{input_I}{L}\right)}{\omega_1\left(\dfrac{1}{N}-\dfrac{input_1}{L}\right)+\omega_2\left(\dfrac{1}{N}-\dfrac{input_2}{L}\right)+\cdots+\omega_p\left(\dfrac{1}{N}-\dfrac{input_p}{L}\right)}\left(\frac{i_I}{N}+\frac{j_I}{N}+\frac{1}{N}\right)\frac{V_u}{2}$$

（8-26）

令 $input_I/L=q_I/2N$，其中 q_I 为 [-1, 1] 中的实数。使用式（8-21），当 $N\to\infty$ 时，便可得到

$$u_G=\sum_{I=1}^{p}\frac{V_u\omega_I(1-0.5q_I)}{2L[\omega_1(1-0.5q_1)+\omega_2(1-0.5q_2)+\cdots+\omega_p(1-0.5q_p)]}(e_I+r_I) \quad (8\text{-}27)$$

因此，得到定理 8.1 中的结论。

▪融合空间信息的三域模糊控制器▪

从定理 8.1 的证明可以发现，当输入模糊集的数目趋于无穷大时，在每一传感器测量点上，传统模糊控制器的局部 PI/PD 控制器将消失，而它的全局二维多值继电器将成为全局的非线性 PI/PD 控制器，换言之，每一传感器测量点上的传统模糊控制器将成为一个非线性 PI/PD 控制器。因此，当 $N \to \infty$ 时，三域模糊控制器将成为空间域上的非线性 PI/PD 型控制器，在每一传感器测量点 $z = z_I$ $(I = 1, \cdots, q)$，PD 型控制器的比例增益与微分增益分别为

$$k_{pI} = \frac{V_u k_u G E_I \omega_I (1 - 0.5 q_I)}{2L[\omega_1(1-0.5q_1) + \omega_2(1-0.5q_2) + \cdots + \omega_p(1-0.5q_p)]}$$

$$k_{dI} = \frac{V_u k_u G R_I \omega_I (1 - 0.5 q_I)}{2L[\omega_1(1-0.5q_1) + \omega_2(1-0.5q_2) + \cdots + \omega_p(1-0.5q_p)]}$$

第 9 章 三域模糊控制系统的稳定性分析

稳定性是系统能够正常工作的首要条件。在本章，从两个角度分析三域模糊控制系统的稳定性，即 Lyapunov 稳定性[61]与 BIBO 稳定性[62]，并且均给出了能够确保稳定的控制器增益设计方法。

9.1 Lyapunov 稳定性

9.1.1 系统描述

本章考虑一类单控制源空间分布系统（见图 9-1）。现实中很多空间分布过程，如工业化学反应过程[63]、半导体制造过程[64]、热处理过程[65]、非线性弥散过程[66]等，均属于这类系统。这类系统的输入输出数学方程可写为下式，即

$$\frac{\partial^m y(z,t)}{\partial t^m} = \Upsilon y(z,t) + h(y) + \lambda b(z)U(t)$$
$$l_a \leqslant z \leqslant l_b,\ t \geqslant 0 \quad (9\text{-}1)$$
$$m = 1\ \text{or}\ 2$$

其中，$[l_a, l_b] \subset IR$ 为空间域；z 为空间坐标；$t \in [0,\infty)$ 为时间坐标；$y(z,t)$ 为输出量；Υ 为线性空间微分算子，其涉及一阶或二阶空间导数 $(\partial/\partial z, \partial^2/\partial z^2)$ 并在 Hilbert 空间稠密；$h(y)$ 为非线性函数；λ 为一常数；$U \in IR$ 为操纵输入；

$b(z) \in IR$ 为关于 z 的已知光滑函数,它描述了单控制源 U 在空间域 $[l_a, l_b]$ 上的分布情况。

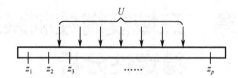

图 9-1 单控制源空间分布系统示意图(具有分布源 U 及 P 个点式传感器)

通常,这类系统还受边界条件及初始条件制约。例如,当 $m=1$ 时,它的边界条件可有如下表示形式,即

$$\begin{gathered}\phi_{a1}y(l_a,t)+\phi_{a2}\frac{\partial y(l_a,t)}{\partial z}=\phi_{a3}\\ \phi_{b1}y(l_b,t)+\phi_{b2}\frac{\partial y(l_b,t)}{\partial z}=\phi_{b3}\end{gathered} \quad (9-2)$$

它的初始条件可表示为

$$y(z,0)=y_0(z) \quad (9-3)$$

其中,ϕ_{a1}、ϕ_{a2}、ϕ_{a3}、ϕ_{b1}、ϕ_{b2} 及 ϕ_{b3} 均为常数;$y_0(z)$ 为已知函数。

这类系统的输入、输出、测量等均与空间变量有关(见图 9-1,其中 U 为空间分布控制源;$z_1,\cdots,z_p$ 为点式传感器),提出一类涉及调整空间分布变量的非线性控制问题。

针对如图 9-1 所示的空间分布系统,假设在空间域上安置了足够多的传感器来获取空间信息,则由式(9-1)~(9-3)所表达的非线性空间分布系统在有限传感器测量点上的输入输出数学特性可表示为下式,即

$$\begin{cases} y_1^{(m)}=f_1(\bar{y},d_1)+\lambda b_1 U\\ y_2^{(m)}=f_2(\bar{y},d_2)+\lambda b_2 U\\ \quad\vdots\\ y_p^{(m)}=f_p(\bar{y},d_p)+\lambda b_p U \end{cases} \quad (9-4)$$

其中,$y_i=y(z_i,t)$ $(i=1,\cdots,p)$ 为在传感器测量点 $z=z_i$ 处的输出测量值;$\bar{y}$ 是与 $y_1,y_2,\cdots,y_p$ 相关的矢量;d_i 为 y_i 的扰动量(如未测量的空间信息量所引起的扰

动等）；$f_i(\bar{y},d_i)$ 为 $\bar{y}$ 和 d_i 的未知函数；p 为使用传感器的数目；b_i 为控制源 U 作用于空间点 $z=z_i$ 的强度，$b_i \geq 0$。

为方便起见，用 Σ' 代表空间分布系统（9-1）～（9-3），用 Σ 代表系统 Σ' 在有限测量点上的输入输出非线性动态关系（9-4），用 $\bar{\Sigma}$ 代表系统 Σ' 在空间域上测量点之外的输入输出非线性动态关系。值得注意的是，系统 Σ 是直接用 p 个点式传感器去获取系统 Σ' 的有限点输出 $\{y(z_1,t),\cdots,y(z_p,t)\}$ 而得到的，在相应的传感器测量点上系统 Σ 与系统 Σ' 有着完全相同的动态特性，而系统 Σ 与通过差分方法得到的 Σ' 的近似系统有着本质的差别。

9.1.2　全局稳定性条件

为简单起见，本节仅考虑具有二阶时间导数的空间分布系统（$m=2$）的稳定性分析，所得到的结论可以很容易地推广到具有一阶时间导数的空间分布系统（$m=1$）。令 e_i^* 与 r_i^* 分别表示来自传感器测量点 $z=z_i$（$i=1,\cdots,p$）的误差及误差变化量，$e_i^* = y_{di} - y_i$，$r_i^* = \dot{e}_i^*$，其中 y_{di} 为 y_i 的参考设定值；令 $s_i^* = k_{ei}e_i^* + k_{di}r_i^* = \vartheta_i k_{di} e_i^* + k_{di} r_i^*$，其中 k_{ei} 与 k_{di} 分别为 e_i^* 与 r_i^* 的量化因子，并且 $\vartheta_i = k_{ei}/k_{di}$。由式（8-1），控制输出 U 的一般表达式可以写成

$$U = u_{eq} + k_u \omega H \gamma \mathrm{sat}\left(\frac{s}{\omega c}\right) \tag{9-5}$$

其中

$$s = s^* - Kc = \omega_1 s_1 + \omega_2 s_2 + \cdots + \omega_p s_p$$

$$s^* = \omega_1 s_1^* + \omega_2 s_2^* + \cdots + \omega_p s_p^*$$

$$s_i^* = \vartheta_i k_{di} e_i^* + k_{di} r_i^* \tag{9-6}$$

$$s_i = s_i^* - k_i c \tag{9-7}$$

$$\gamma^{-1} = \omega_1(1+2\mu_1) + \omega_2(1+2\mu_2) + \cdots + \omega_p(1+2\mu_p)$$

$$\omega = \omega_1 + \cdots + \omega_p$$

$$k_i = i_i + j_i + 1$$

$$i = 1,\cdots,p$$

对于系统（9-4），假设 $\vartheta_i r_i^* + \ddot{y}_{di} - f_i$ 的上界存在，即

$$|\vartheta_i r_i^* + \ddot{y}_{di} - f_i| \le \Delta F_i \ (i=1,\cdots,p) \tag{9-8}$$

并且 u_{eq} 的上界存在，二者满足下列不等式，即

$$\Delta F_i + |\lambda b_i u_{eq}| < F_i \tag{9-9}$$

其中，$\Delta F_i > 0$，$F_i > 0$。使用理想函数 $\mathrm{sgn}(s)$ 代替式（9-5）中的近似函数 $\mathrm{sat}(s/\omega c)$[67]，可以得到下列的引理和定理。

引理 9.1 考虑非线性系统（9-4），采用控制式（9-5），并且采用式（9-7）定义的 $s_i (i=1,\cdots,p)$。如果式（9-8）与（9-9）均成立，并且 $s_i \ne 0$，则下列不等式成立，即

$$s_i \dot{s}_i < k_{di} s_i \{F_i \mathrm{sgn}(s_i) - k_u \lambda b_i \omega H \gamma \mathrm{sgn}(s)\} \tag{9-10}$$

证明：

首先考虑 $s_i > 0$ 的情况。把式（9-7）与（9-4）代入 $s_i \dot{s}_i$，可得

$$s_i \dot{s}_i = s_i \dot{s}_i^* = k_{di} s_i (\vartheta_i r_i^* + \ddot{y}_{di} - f_i - \lambda b_i U)$$

使用式（9-8），可得

$$s_i \dot{s}_i \le k_{di} s_i (\Delta F_i - \lambda b_i U) \tag{9-11}$$

将式（9-5）代入式（9-11），然后使用式（9-9），则不等式（9-11）可写成下式，即

$$s_i \dot{s}_i < k_{di} s_i (F_i - k_u \lambda b_i \omega H \gamma \mathrm{sgn}(s)) = k_{di} s_i (F_i \mathrm{sgn}(s_i) - k_u \lambda b_i \omega H \gamma \mathrm{sgn}(s)) \tag{9-12}$$

再考虑 $s_i < 0$ 的情况。$s_i \dot{s}_i$ 可以写成下列形式，即

$$s_i \dot{s}_i = s_i \dot{s}_i^* = -|s_i| \dot{s}_i^* = |s_i|(-\dot{s}_i^*)$$

将式（9-7）与（9-4）代入 $s_i \dot{s}_i$，可得

$$s_i \dot{s}_i = k_{di}|s_i|\{-(\vartheta_i r_i^* + \ddot{y}_{di} - f_i) + \lambda b_i U\}$$

使用式（9-8），可得

$$s_i \dot{s}_i \le k_{di}|s_i|(\Delta F_i + \lambda b_i U) \tag{9-13}$$

将式（9-5）代入式（9-13），然后使用式（9-9），不等式（9-13）可写成下式，即

$$s_i \dot{s}_i < k_{di}|s_i|\{F_i + k_u \lambda b_i \omega H \gamma \mathrm{sgn}(s)\} \tag{9-14}$$

使用等式 $|s_i| = s_i \mathrm{sgn}(s_i)$，不等式（9-14）可写成下式，即

$$s_i\dot{s}_i < k_{di}s_i\{F_i\,\text{sgn}(s_i) + k_u\lambda b_i\omega H\gamma\,\text{sgn}(s)\text{sgn}(s_i)\}$$

由于 $s_i < 0$，所以 $\text{sgn}(s_i) = -1$，则有

$$s_i\dot{s}_i < k_{di}s_i\{F_i\,\text{sgn}(s_i) - k_u\lambda b_i\omega H\gamma\,\text{sgn}(s)\} \tag{9-15}$$

综合式（9-12）与式（9-15），可得式（9-10）。

定理 9.1[61] 考虑非线性系统（9-4），采用控制式（9-5），并且采用式（9-7）定义的 s_i（$i=1,\cdots,p$）。如果式（9-8）与（9-9）均成立，误差的量化因子 $k_{e1},k_{e2},\cdots,k_{ep}$ 与误差变化量的量化因子 $k_{d1},k_{d2},\cdots,k_{dp}$ 满足不等式（9-16），并且由式（9-5）表达的三域模糊控制器的参数 $\omega_1,\omega_2,\cdots,\omega_p$、$k_u$、$H$ 满足式（9-17），则可保证闭环三域模糊控制系统是全局稳定的。

$$\begin{cases} k_{e1} < \dfrac{L}{\left|e_1^*\right|_{\max}}, k_{e2} < \dfrac{L}{\left|e_2^*\right|_{\max}}, \cdots, k_{ep} < \dfrac{L}{\left|e_p^*\right|_{\max}} \\ k_{d1} < \dfrac{L}{\left|r_1^*\right|_{\max}}, k_{d2} < \dfrac{L}{\left|r_2^*\right|_{\max}}, \cdots, k_{dp} < \dfrac{L}{\left|r_p^*\right|_{\max}} \end{cases} \tag{9-16}$$

$$\begin{cases} k_u\lambda b_1\omega H\gamma = F_{\max}\,\text{sgn}(s_1)\text{sgn}(s) + \omega_1\eta \\ k_u\lambda b_2\omega H\gamma = F_{\max}\,\text{sgn}(s_2)\text{sgn}(s) + \omega_2\eta \\ \vdots \\ k_u\lambda b_p\omega H\gamma = F_{\max}\,\text{sgn}(s_p)\text{sgn}(s) + \omega_p\eta \end{cases} \tag{9-17}$$

其中，$\eta > 0$，$L = Nc$，$\left|e_i^*\right|_{\max}$ 与 $\left|r_i^*\right|_{\max}$ 分别为 e_i^* 与 r_i^* 的最大绝对值。

证明：

对于来自传感器测量点 $z = z_i$（$i=1,\cdots,p$）的误差 $e_i^* \in [e_{i\_\min}^*, e_{i\_\max}^*]$ 及误差变化量 $r_i^* \in [r_{i\_\min}^*, r_{i\_\max}^*]$，如果它们的量化因子 k_{ei} 与 k_{di} 满足下列不等式，即

$$\begin{cases} k_{ei} < \dfrac{L}{\left|e_i^*\right|_{\max}} \\ k_{di} < \dfrac{L}{\left|r_i^*\right|_{\max}} \end{cases} \quad (i=1,\cdots,p) \tag{9-18}$$

其中，$\eta > 0$，$L = Nc$，$\left|e_i^*\right|_{\max}$ 与 $\left|r_i^*\right|_{\max}$ 分别为 e_i^* 与 r_i^* 的最大绝对值，则量化后的输入对 (e_i, r_i) 必定被映射到规则库相平面的某个推理单元内。由于 $k_{ei} = \vartheta_i k_{di}$，则式（9-18）等价于下式，即

融合空间信息的三域模糊控制器

$$k_{di} < \min\left(\frac{L}{\vartheta_i \left|e_i^*\right|_{\max}}, \frac{L}{\left|r_i^*\right|_{\max}}\right)$$

假定量化的输入对（e_i, r_i）（$i=1,\cdots,p$）落在规则库相平面的推理单元 $Q(i,j_i)$ 内，定义如下 Lyapunov 函数，即

$$V = \frac{1}{2k_{d1}}s_1^2 + \frac{1}{2k_{d2}}s_2^2 + \cdots + \frac{1}{2k_{dp}}s_p^2 + \frac{1}{2k_{d1}}(k_1 c)^2 + \frac{1}{2k_{d2}}(k_2 c)^2 + \cdots + \frac{1}{2k_{dp}}(k_p c)^2$$

其中，$s_i = s_i^* - k_i c$ 表示在传感器测量点 $z = z_i$（$i=1,\cdots,p$）上的第 k_i 层局部切换函数，$s_i^* = \vartheta_i k_{di} e_i^* + k_{di} r_i^*$。$p$ 个局部切换函数 $s_1, \cdots, s_p$ 构成了空间域上的全局切换函数 s，它们之间的关系表示为下式，即

$$s = \omega_1 s_1 + \cdots + \omega_p s_p = \omega_1(s_1^* - k_1 c) + \cdots + \omega_p(s_p^* - k_p c) = s^* - Kc$$

其中，s 处于第 K 层。

使用引理 9.1，并且 $s_1, \cdots, s_p$ 中至少有一个不为零，可得

$$\begin{aligned}\dot{V} &= \frac{1}{k_{d1}}s_1\dot{s}_1 + \frac{1}{k_{d2}}s_2\dot{s}_2 + \cdots + \frac{1}{k_{dp}}s_p\dot{s}_p \\ &< \sum_{i=1}^{p}s_i\{F_i\,\mathrm{sgn}(s_i) - k_u\lambda b_i\omega H\gamma\,\mathrm{sgn}(s)\}\end{aligned} \quad (9\text{-}19)$$

令 $F_{\max} = \max\{F_1, \cdots, F_p\}$，则式（9-19）可写成下式，即

$$\dot{V} < \sum_{i=1}^{p}s_i\{F_{\max}\,\mathrm{sgn}(s_i) - k_u\lambda b_i\omega H\gamma\,\mathrm{sgn}(s)\}$$

如果控制器参数设计满足下式，即

$$\begin{cases} k_u\lambda b_1\omega H\gamma = F_{\max}\,\mathrm{sgn}(s_1)\mathrm{sgn}(s) + \omega_1\eta \\ k_u\lambda b_2\omega H\gamma = F_{\max}\,\mathrm{sgn}(s_2)\mathrm{sgn}(s) + \omega_2\eta \\ \qquad\vdots \\ k_u\lambda b_p\omega H\gamma = F_{\max}\,\mathrm{sgn}(s_p)\mathrm{sgn}(s) + \omega_p\eta \end{cases} \quad \text{其中}\ \eta > 0$$

则下式成立，即

$$\begin{aligned}\dot{V} &< -\sum_{i=1}^{p}\omega_i s_i \eta\,\mathrm{sgn}(s) = -\eta\,\mathrm{sgn}(s)\sum_{i=1}^{p}\omega_i s_i \\ &= -\eta\,\mathrm{sgn}(s)s \\ &= -\eta|s|\end{aligned} \quad (9\text{-}20)$$

当且仅当 $s_1 = s_2 = \cdots = s_p = 0$ 时，$\dot{V} = 0$。因此，系统的稳定性得到保证。

对于来自每个传感器测量点 $z=z_i$（$i=1,\cdots,p$）上的输入对 $(e_i^*,r_i^*)\in[e_{i\_\min}^*,e_{i\_\max}^*]\times[r_{i\_\min}^*,r_{i\_\max}^*]$，如果它们的量化因子满足式（9-16），并且三域模糊控制器的参数满足式（9-17），则不等式（9-20）恒成立。当状态到达真正的滑模面 $s_i^*=0$ 时（$k_i=0$），函数 V 为零；当 $\max_i(|e_i^*|_{\max},|r_i^*|_{\max})\to\infty$ 时，函数 V 趋于无穷大。因此，三域模糊控制系统是全局稳定的。

由定理 9.1 可以得到下列一些结论。

（1）来自每一传感器测量点 $z=z_i$（$i=1,\cdots,p$）上的误差 e_i^* 与误差变化量 r_i^* 的定义域 $[e_{i\_\min}^*,e_{i\_\max}^*]$ 与 $[r_{i\_\min}^*,r_{i\_\max}^*]$ 均是由实际物理系统的特性所决定的。根据定理 9.1，如果量化因子 k_{ei} 与 k_{di} 满足不等式（9-16），则来自上述定义域内的任何输入对（e_i^*,r_i^*）均可被映射到规则库相平面内，进而，如果三域模糊控制器的参数满足式（9-17），则三域模糊控制系统必定是稳定的。

（2）从定理 9.1 的证明可以看出，当空间域上的状态处于第 K 层全局滑模面时，等价控制项 u_{eq} 可以用于补偿未知或者不确定影响[13]。可用如图 8-1 所示的结构来解释此过程。从全局角度来看，控制器试图维持空间域上每一全局层上（如第 K 层）的稳定性；从局部角度来看，控制器试图维持在每一传感器测量点上的局部层（如第 k_i 层）上的稳定性。当未知或者不确定影响减少，空间上的全局滑模面就逐渐地移到最底层 $K=0$，而每一传感器测量点上的局部滑模面就逐渐的移到最底层 $k_i=0$，最终无论是全局还是局部的滑模面都会收敛到真正的滑模面。

（3）一般来讲，与传统模糊控制器相似的是三域模糊控制器的设计也可以不需要被控系统的数学模型。然而，当涉及系统稳定性问题时，则需要事先得知被控系统的某些先验知识（如 $F_{\max}$）。利用这些先验知识，可以避免采用耗时耗力的试凑法来调整控制器的参数。

（4）三域模糊控制器可以保证闭环系统在有限传感器测量点上的稳定性。此外，当使用传感器的数目趋于无穷大时，三域模糊控制器可以保证闭环系统在整个空间域上的稳定性。

最后，由定理 9.1，可以给出一个系统的调整三域模糊控制器参数的方法，其步骤如下：

(1) 选取合适的控制器结构参数，如 c、N 及 H。

(2) 由不等式（9-16）确定来自每个传感器测量点 $z=z_i$（$i=1,\cdots,p$）的量化因子 k_{ei} 与 k_{di} 的最大上限值 k_{ei_max} 与 k_{di_max}。

(3) 选取合适的 k_{ei}（$k_{ei} < k_{ei\_max}$）与 k_{di}（$k_{di} < k_{di\_max}$），使得误差与误差变化量具有最大分辨率[13]；根据变结构控制理论[67]选取合适的比率 ϑ_i（$\vartheta_i = k_{ei}/k_{di}$），使得系统具有满意动态特性的切换面 $s_i^* = k_i c$。

(4) 选取合适的比例因子 k_u。一般而言，选取较小的 k_u 将产生较小的控制信号，与此同时也会大大减少控制机构的抖动，而选取较大的 k_u 将会引起系统的不稳定[13]。

(5) 最后，根据式（9-17）计算出 $\omega_1, \omega_2, \cdots, \omega_p$。

9.1.3 仿真研究

以 2.2.2 节的棒式催化反应器为例。由式（2-8）和（2-9）所描述的动态模型是用来揭示系统的热动态特性，并用作仿真模型来验证控制算法。在本节，用线方法[68]来估计求解偏微分方程。由于本反应过程是一阶时间导数的空间分布系统，将用 $\int_0^t e_i^* d\tau$ 代替式（9-6）中的 r_i^*，即令 $r_i^* = \int_0^t e_i^* d\tau$，其中 $e_i^* = T_{ad}(z_i,t) - T_a(z_i,t)$，$T_{ad}(z,t) = 0$ 为空间参考棒温度曲线，其他的均不变。PD 型三域模糊控制器的各部分构成与 7.1 节描述的相同，下面将涉及控制器参数的设置问题。为了简单和方便起见，在空间每个测量点上采用相同的量化因子，即对于 $e_1^*, \cdots, e_5^*$ 而言，有 $k_{e1} = \cdots = k_{e5} = k_e$；对于 $r_1^*, \cdots, r_5^*$ 而言，有 $k_{d1} = \cdots = k_{d5} = k_d$。事先给定 F_{max} 的值为 5。三域模糊控制器的结构参数 N、c 及 H 分别选为 2、1 及 3。根据 9.1.2 节所提到的方法，将输入量化因子设置为 $k_e = 0.1$ 及 $k_d = 0.06$，比例因子设置为 $k_u = 7$。空间权值 $\omega_1, \cdots, \omega_5$ 则根据式（9-17）自适应调整，选取 $\eta = 10$。

基于上述设计的三域模糊控制器，对本例的催化反应过程的棒温度进行控制，棒温度及操纵曲线分别由图 9-2（a）与（b）所示。图 9-2 表明，当棒温度的初值稍微偏离 $T_a(z,t)=0$，即 $T_{a0}(z)=\sin(z)$，在三域模糊控制器的控制下，棒温度沿着反应器长度方向能够很快的回到操作点 $T_a(z,t)=0$。仿真结果验证了根据 Lyapunov 稳定性条件设计三域模糊控制器参数的有效性。

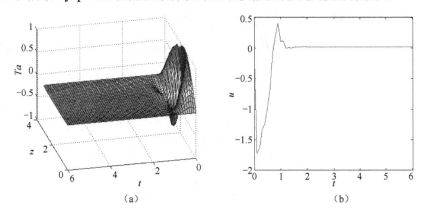

图 9-2　三域模糊控制的反应器温度和操纵输入曲线

9.2　BIBO 稳定性

在空间上三域模糊控制与传统模糊控制存在着空间等价结构。从传统模糊控制的角度而言，三域模糊控制可以看成每一测量点上传统模糊控制在空间上耦合作用的结果，其中传统模糊控制的输入为来自空间点上的量化误差 e_I 及误差变化量 r_I；从经典控制的角度而言，三域模糊控制器是空间集总高维多值继电器与空间集总 PI/PD 型控制器的和。当三域模糊控制器表示为离散时间形式时，每一测量点上的误差变化量 r_I 可用离散形式（如用 $e_I(nT)-e_I(nT-T)$）来近似，从而可以方便地应用小增益定理对离散时间三域模糊控制系统进行 BIBO 稳定性分析。在实际应用的时候，此方法可以得到比较安全、可靠的稳定性区域[37]。

9.2.1 BIBO 稳定性条件

在此之前，三域模糊控制器均采用连续时间表达形式。由式（8-2），将三域模糊控制器的连续时间输出重新写为下式，即

$$u = \sum_{I=1}^{p}[\frac{H}{c}\gamma\omega_I(e_I+r_I)+2\gamma H\omega_I k_I \mu_I] \quad (9\text{-}21)$$

其中

$$e_I = k_{eI}e_I^* \quad (9\text{-}22)$$

$$r_I = k_{dI}r_I^* = k_{dI}\dot{e}_I^* \quad (9\text{-}23)$$

$$\gamma^{-1} = \omega_1(1+2\mu_1)+\omega_2(1+2\mu_2)+\cdots+\omega_p(1+2\mu_p)$$

$$k_I = i_I + j_I + 1$$

$$I = 1,\cdots,p$$

μ_I 为隶属度，当输入对 (e_I,r_I) 落在推理单元 $Q(i_I,j_I)$ 的不同子区域内时其具有不同的值（参见表 7-1）。

k_{eI} 与 k_{dI} 分别为误差 e_I^* 与误差变化率 r_I^* 的量化因子。

对于 PI 型两项输入模糊控制器而言，控制器的最终输出为 $U = U^{PI} = \int k_u u dt$；对于 PD 型两项输入模糊控制器而言，控制器的最终输出为 $U = U^{PD} = k_u u$。如果在式（9-22）中，用 $e_I^*(nT)-e_I^*(nT-T)$ 替代 $\dot{e}_I^{*[5]}$，则三域模糊控制器的离散时间输出表示为

$$u(nT) = \sum_{I=1}^{p}\{\frac{H}{c}\gamma\omega_I[e_I(nT)+r_I(nT)]+2\gamma H\omega_I k_I \mu_I\} \quad (9\text{-}24)$$

其中

$$e_I(nT) = GE_I e_I^*(nT) \quad (9\text{-}25)$$

$$r_I(nT) = GR_I r_I^*(nT) = GR_I[e_I^*(nT)-e_I^*(nT-T)] \quad (9\text{-}26)$$

nT 为采样时间；T 为采样周期；n 为正整数。

比较式（9-25）与式（9-22），以及式（9-26）与式（9-23），可以发现 $GE_I = k_{eI}$，$GR_I = k_{dI}/T$。GE_I 与 GR_I 分别为 $e_I^*(nT)$ 与 $r_I^*(nT)$ 的量化因子。对于 PI 型两项输入模糊控制器而言，控制器的最终输出为

$U(nT) = U(nT-T) + k_u u(nT)$；对于 PD 型两项输入模糊控制器而言，控制器的最终输出为 $U(nT) = k_u u(nT)$。下面将离散时间三域模糊控制器简称为 C，本节将对由三域模糊控制器 C 与系统 Σ 构成的闭环系统（见图 9-3）进行讨论。

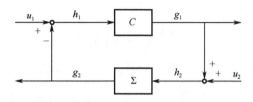

图 9-3　反馈连接结构

三域模糊控制器 C 与系统 Σ 将构成如图 9-3 所示的反馈连接结构。令 $\bar{e}^*(nT) = (e_1^*(nT), \cdots, e_p^*(nT))' \in IR^p$ 为 p 维矢量，$e_I^*(nT) = y_{dI}(nT) - y_I(nT)$ 与 $r_I^*(nT) = e_I^*(nT) - e_I^*(nT-T)$ 均为在第 n 个采样时刻来自传感器测量点 $z = z_I$ 的误差及误差变化量，其中，$I = 1, \cdots, p$，$y_{dI}(nT)$ 为参考输出，$y_I(nT)$ 为测量值。用 $\|\bar{e}^*(nT)\|_\infty = \sup_I |e_I^*(nT)|$ 表示 $\bar{e}^*(nT)$ 的范数，假设 $\bar{e}^* \in \ell_\infty^p$，即 $\|\bar{e}^*\|_{\ell_\infty^p} = \sup_{k \in Z_+} \{\|\bar{e}^*[kT]\|_\infty\} < \infty$，其中 Z_+ 为非负整数。假设反馈连接结构的两个系统均为有限增益 ℓ_∞ 稳定的[69,70]，并且反馈系统是适定的[70]，于是可得

$$h_1(nT) = \bar{e}^*(nT)$$
$$g_1(nT) = k_u C(\bar{e}^*(nT)) = k_u u(nT)$$
$$u_1(nT) = y_d(nT) = (y_{d1}(nT), \cdots, y_{dq}(nT))'$$
$$h_2(nT) = g_1(nT) + u_2(nT),\ g_2(nT) = \Sigma(h_2(nT)),\ u_2(nT) = \begin{cases} U(nT-T) & \text{PI 型} \\ 0 & \text{PD 型} \end{cases}$$
$$u_1(nT) = \bar{e}^*(nT) + \Sigma(h_2(nT)),\ u_2(nT) = h_2(nT) - C(\bar{e}^*(nT))$$

对于给定的非线性系统 $\Sigma(h_2(nT))$，在一系列容许控制信号作用下它的增益（或者算子范数）[5][36][71]定义为下式，即

$$\|\Sigma\| = \sup_{v_1(nT) \neq v_2(nT), n \geq 0} \frac{\|\Sigma(v_1(nT)) - \Sigma(v_2(nT))\|_\infty}{|v_1(nT) - v_2(nT)|} \tag{9-27}$$

因为系统 Σ 是有限增益 ℓ_∞ 稳定的，所以它的增益是有界的，即 $\|\Sigma\| < \infty$。下面将给出本节的主要结论之一。

融合空间信息的三域模糊控制器

定理 9.2[62]　图 9-3 所示的非线性三域模糊控制系统全局 BIBO 稳定的充分条件是：系统 Σ 的增益（算子范数）有界，即 $\|\Sigma\|<\infty$，并且三域模糊控制器的参数 $\boldsymbol{GE}=\{GE_1,\cdots,GE_p\}$、$\boldsymbol{GR}=\{GR_1,\cdots,GR_p\}$、$k_u$、$\omega_1,\omega_2,\cdots,\omega_p$、$H$ 及 c 满足下列不等式，即

$$\frac{k_u H k_{\max} \omega_{\max} p}{c}\|\Sigma\|<1 \tag{9-28}$$

其中，$k_{\max}=\max\{GE_1+GR_1,\cdots,GE_p+GR_p\}$，$\omega_{\max}=\max\{\omega_1',\cdots,\omega_p'\}$

$$\omega_I'=\frac{\omega_I}{\omega_1+\omega_2+\cdots+\omega_p} \quad 并且 \quad \omega_I>0\,(I=1,\cdots,p)$$

证明：

由于规则库平面可以分解成图 9-4 所示的内部区域（$|GE_I e_I^*(nT)|<L$，$|GR_I r_I^*(nT)|<L$）与边界区域（$|GE_I e_I^*(nT)|=L$，$|GR_I r_I^*(nT)|=L$），根据输入对落入规则库平面的不同区域给出了下列证明过程。为简单起见，在后面的证明中将矢量范数 $\|\cdot\|_\infty$ 均简写成 $\|\cdot\|$。

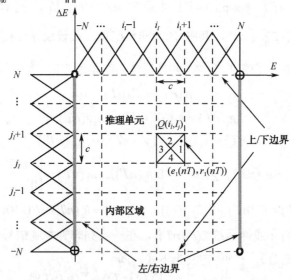

图 9-4　规则库平面分解成不同区域：内部区域与边界区域

假设有 $p1$ 对输入落入内部区域，$p2$ 对输入落在上/下边界上，$p3$ 对输入落在左/右边界上，$p4$ 对输入落在由'○'所标志的边角上，$p5$ 对输入落在由'⊕'

所标志的边角上，$p1+\cdots+p5=p, 0 \leq pi \leq p$，$i=1,\cdots,5$。不失一般性，令 $p2$ 对输入落在上边界上，$p3$ 对输入落在左边界上，$p4$ 对输入落在由'。'所标志的左边角上，$p5$ 对输入落在由'⊕'所标志的左边角上。落在任一边界上的输入对必定是受限的，如表9-1所示。

表9-1 输入对 $(e_I(nT), r_I(nT))$ 落在规则库平面上的不同区域内时的输入

区域划分	$e_I(nT)$	$r_I(nT)$
内部区域	$GE_I e_I^*(nT)$	$GR_I r_I^*(nT)$
上/下边界	$GE_I e_I^*(nT)$	$Nc/-Nc$
左/右边界	$-Nc/Nc$	$GR_I r_I^*(nT)$
由'。'标志的左/右边角	$-Nc/Nc$	$Nc/-Nc$
由'⊕'标志的左/右边角	$-Nc/Nc$	$-Nc/Nc$

将式（9-24）重新写成下面的式（9-29），即

$$u(nT) = \frac{H}{c}\gamma(\omega_1 s_1(nT)+\cdots+\omega_p s_p(nT)) + \gamma 2H(\omega_1 k_1 \mu_1 + \omega_2 k_2 \mu_2 + \cdots + \omega_p k_p \mu_p)$$

(9-29)

其中

$$s_I(nT) = e_I(nT) + r_I(nT) \tag{9-30}$$

$$\gamma = 1/[\omega_1(1+2\mu_1) + \omega_2(1+2\mu_2) + \cdots + \omega_p(1+2\mu_p)] \tag{9-31}$$

将式（9-29）代入 $\|C(\overline{e}^*(nT))\|$，得到

$$\|C(\overline{e}^*(nT))\| = \|k_u u(nT)\|$$

$$= k_u \left\| \frac{H}{c}\gamma[\omega_1 s_1(nT)+\cdots+\omega_p s_p(nT)] + \gamma 2H[\omega_1 k_1 \mu_1 + \omega_2 k_2 \mu_2 + \cdots + \omega_p k_p \mu_p] \right\|$$

$$\leq \frac{k_u H}{c}\|\gamma[\omega_1 s_1(nT)+\cdots+\omega_p s_p(nT)]\| + k_u H\|2\gamma(\omega_1 k_1 \mu_1 + \omega_2 k_2 \mu_2 + \cdots + \omega_p k_p \mu_p)\|$$

(9-32)

使用不等式 $|k_I| = |i_I + j_I + 1| \leq \overline{k} = \leq !N\ (I=1,\cdots,p)$，不等式（9-32）成为

$$\|C(\overline{e}^*(nT))\|$$

$$\leq \frac{k_u H}{c}\|\gamma[\omega_1 s_1(nT)+\cdots+\omega_p s_p(nT)]\| + k_u H \overline{k}\|2\gamma(\omega_1 \mu_1 + \omega_2 \mu_2 + \cdots + \omega_p \mu_p)\|$$

(9-33)

将式（9-31）代入式（9-33），不等式（9-33）成为

$$\left\|C(\overline{e}^*(nT))\right\| \leq \frac{k_u H}{c}\left\|\frac{\omega_1 s_1(nT)+\cdots+\omega_p s_p(nT)}{\omega_1+\omega_2+\cdots+\omega_p}\right\|+2k_u H\overline{k} \qquad (9\text{-}34)$$

令 $0<\omega'_I = \dfrac{\omega_I}{\omega_1+\omega_2+\cdots+\omega_p}<1$ （$I=1,\cdots,p$），于是得到

$$\left\|C(\overline{e}^*(nT))\right\| \leq \frac{k_u H}{c}\left\|\omega'_1 s_1(nT)+\cdots+\omega'_p s_p(nT)\right\|+2k_u H\overline{k} \qquad (9\text{-}35)$$

将式（9-30）代入式（9-35），不等式（9-35）成为

$\left\|C(\overline{e}^*(nT))\right\|$

$$\leq \frac{k_u H}{c}\left\|\begin{array}{l}\underbrace{\omega'_1(GE_1+GR_1)e_1^*(nT)+\cdots+\omega'_{p1}(GE_{p1}+GR_{p1})e_{p1}^*(nT)}_{p1}\\+\underbrace{\omega'_{p1+1}GE_{p1+1}e_{p1+1}^*(nT)+\cdots+\omega'_{p1+p2}GE_{p1+p2}e_{p1+p2}^*(nT)}_{p2}\\+\underbrace{\omega'_{p1+p2+1}GR_{p1+p2+1}e_{p1+p2+1}^*(nT)+\cdots+\omega'_{p1+p2+p3}GR_{p1+p2+p3}e_{p1+p2+p3}^*(nT)}_{p3}\\-[\underbrace{\omega'_1 GR_1 e_1^*(nT-T)+\cdots+\omega'_{p1}GR_{p1}e_{p1}^*(nT-T)}_{p1}]\\-[\underbrace{\omega'_{p1+p2+1}GR_{p1+p2+1}e_{p1+p2+1}^*(nT-T)+\cdots+\omega'_{p1+p2+p3}GR_{p1+p2+p3}e_{p1+p2+p3}^*(nT-T)}_{p3}]\\+\underbrace{(\omega'_{p1+1}+\cdots+\omega'_{p1+p2})Nc}_{p2}-\underbrace{(\omega'_{p1+p2+1}+\cdots+\omega'_{p1+p2+p3})Nc}_{p3}-\underbrace{(\omega'_{p1+p2+p3+p4+1}+\cdots+\omega'_p)2Nc}_{p5}\end{array}\right\|+2k_u H\overline{k}$$

$$\leq \frac{k_u H}{c}\{[\omega'_1(GE_1+GR_1)|e_1^*(nT)|+\cdots+\omega'_{p1}(GE_{p1}+GR_{p1})|e_{p1}^*(nT)|]+[\omega'_{p1+1}GE_{p1+1}|e_{p1+1}^*(nT)|+\cdots+\omega'_{p1+p2}GE_{p1+p2}|e_{p1+p2}^*(nT)|]+[\omega'_{p1+p2+1}GR_{p1+p2+1}|e_{p1+p2+1}^*(nT)|+\cdots+\omega'_{p1+p2+p3}GR_{p1+p2+p3}|e_{p1+p2+p3}^*(nT)|]\}$$
$$+\frac{k_u H}{c}\{[\omega'_1 GR_1|e_1^*(nT-T)|+\cdots+\omega'_{p1}GR_{p1}|e_{p1}^*(nT-T)|]+[\omega'_{p1+p2+1}GR_{p1+p2+1}|e_{p1+p2+1}^*(nT-T)|+\cdots+\omega'_{p1+p2+p3}GR_{p1+p2+p3}|e_{p1+p2+p3}^*(nT-T)|]\}+k_u HN|2(\omega'_{p1+p2+p3+p4+1}+\cdots+\omega'_p)$$
$$+(\omega'_{p1+p2+1}+\cdots+\omega'_{p1+p2+p3})-(\omega'_{p1+1}+\cdots+\omega'_{p2})|+2k_u H\overline{k} \qquad (9\text{-}36)$$

令 $Me_J^* = \sup_{n\geq 1} e_J^*(nT-T)$ （$J=1,\cdots,p1, p1+p2+1,\cdots,p1+p2+p3$），由于 $e_J^*(nT-T)$ 可以落在规则库平面上的任何区域，如果在每一区域上均能保证稳定性条件，则 $e_J^*(nT-T)$ 总是有界的[5][36]。再令

$Me' = \omega'_1 GR_1 Me_1^* + \cdots + \omega'_{p1}GR_{p1}Me_{p1}^* + \omega'_{p1+p2+1}GR_{p1+p2+1}Me_{q1+q2+1}^* + \cdots +$

$\omega'_{p1+p2+p3}GR_{p1+p2+p3}Me_{p1+p2+p3}^*$，则 Me' 总是有界。然后令

$\omega'_{\max} = \max\{\omega'_1,\cdots,\omega'_{p1+p2+p3}\}$， $k'_{\max} = \max\{GE_1+GR_1,\cdots,GE_{p1}+GR_{p1}, GE_{p1+1},$

$\cdots, GE_{p1+p2}, GR_{p1+p2+1},\cdots,GR_{p1+p2+p3}\}$，则不等式（9-36）成为

$$\|C(\overline{e}^*(nT))\| \leqslant \frac{k_u H k'_{\max} \omega'_{\max}}{c}[|e_1^*(nT)| + \cdots + |e_{p1}^*(nT)|] + [|e_{p1+1}^*(nT)| + \cdots + |e_{p1+p2}^*(nT)|] + [|e_{p1+p2+1}^*(nT)|$$
$$+ \cdots + |e_{p1+p2+p3}^*(nT)|] + \frac{k_u H M e'}{c} + k_u H N |2(\omega'_{p1+p2+p3+p4+1} + \cdots + \omega'_p) + (\omega'_{p1+p2+1} + \cdots + \omega'_{p1+p2+p3})$$
$$- (\omega'_{p1+1} + \cdots + \omega'_{p2})| + 2k_u H \overline{k}$$

(9-37)

如果至少有一输入对落在内部区域，或者上边界上，或者左边界上，即 $1 \leqslant p1 + p2 + p3 < p$，则不等式（9-37）成为

$$\|C(\overline{e}^*(nT))\| < \frac{k_u H k'_{\max} \omega'_{\max}}{c}[|e_1^*(nT)| + \cdots + |e_p^*(nT)|] + \frac{k_u H M e'}{c} +$$
$$k_u H N |2(\omega'_{p1+p2+p3+p4+1} + \cdots + \omega'_p) + (\omega'_{p1+p2+1} + \cdots + \omega'_{p1+p2+p3}) - (\omega'_{p1+1} + \cdots + \omega'_{p2})| + 2k_u H \overline{k}$$
$$< \frac{k_u H k'_{\max} \omega'_{\max} p}{c} \max_I \{|e_I^*(nT)|\} + \frac{k_u H M e'}{c} + k_u H N |2(\omega'_{p1+p2+p3+p4+1} + \cdots + \omega'_p) +$$
$$(\omega'_{p1+p2+1} + \cdots + \omega'_{p1+p2+p3}) - (\omega'_{p1+1} + \cdots + \omega'_{p2})| + 2k_u H \overline{k}$$

(9-38)

$$= \lambda_1 \|\overline{e}^*(nT)\| + \eta_1$$

其中

$$\lambda_1 = \frac{k_u H k'_{\max} \omega'_{\max} p}{c}$$

$$\eta_1 = \frac{k_u H M e'}{c} + k_u H N |2(\omega'_{p1+p2+p3+p4+1} + \cdots + \omega'_p) + (\omega'_{p1+p2+1} + \cdots + \omega'_{p1+p2+p3}) - (\omega'_{p1+1} + \cdots + \omega'_{p2})|$$
$$+ 2k_u H \overline{k}$$

如果所有的输入对均落在内部区域，即 $p1 = p$，令
$Me = Me' = \omega'_1 GR_1 Me_1^* + \cdots + \omega'_p GR_p Me_p^*$，$k_{\max} = k'_{\max} = \max\{GE_1 + GR_1, \cdots, GE_p + GR_p\}$，
并且 $\omega_{\max} = \omega'_{\max} = \max\{\omega'_1, \cdots, \omega'_p\}$，则不等式（9-37）成为

$$\|C(\overline{e}^*(nT))\| \leqslant \frac{k_u H k_{\max} \omega_{\max}}{c}[|e_1^*(nT)| + \cdots + |e_p^*(nT)|] + \frac{k_u H M e}{c} + 2k_u H \overline{k}$$
$$\leqslant \frac{k_u H k_{\max} \omega_{\max} p}{c} \max_I \{|e_I^*(nT)|\} + \frac{k_u H M e}{c} + 2k_u H \overline{k}$$

(9-39)

$$= \lambda_2 \|\overline{e}^*(nT)\| + \eta_2$$

其中，$\lambda_2 = \dfrac{k_u H k_{\max} \omega_{\max} p}{c}$，$\eta_2 = \dfrac{k_u H M e}{c} + 2k_u H \overline{k}$。

如果没有输入对落在内部区域，或者上边界上，或者左边界上，即 $p1 + p2 + p3 = 0$，或者 $p4 + p5 = p$，则不等式（9-37）成为

$$\|C(\overline{e}^*(nT))\| \leqslant \lambda_3 \|\overline{e}^*(nT)\| + \eta_3 = \eta_3$$

(9-40)

其中，$\lambda_3 = 0$，$\eta_3 = 2k_u HN(\omega'_{p4+1} + \cdots + \omega'_p) + 2k_u H\bar{k}$。

当考虑其他边界形式，如下边界、右边界、由'○'所标志的右边角、由'⊕'所标志的右边角，可以得到与式（9-38）～（9-40）相似的不等式。由于上下边界、左右边界、由'○'所标志的左右边角、由'⊕'所标志的左右边角的不同会影响有界变量 $e_i^*(nT)$ 与 $r_i^*(nT)$ 的符号，因而 η_i 随着边界的变化而改变，但是控制器增益 λ_i ($i=1,2,3$) 并不会因此而改变。所以，其他边界形式并不会影响下面的结果。

根据著名的小增益定理[72]，为了保证系统的 BIBO 稳定性，三域模糊控制器的参数必须满足下列不等式。

（1）至少有一输入对落在内部区域，或者上边界上，或者左边界上。

$$\begin{cases} \lambda_1 \|\Sigma\| = \dfrac{k_u H k'_{\max} \omega'_{\max} p}{c} \|\Sigma\| < 1 \\ k'_{\max} = \max\{GE_1 + GR_1, \cdots, GE_{p1} + GR_{p1}, GE_{p1+1}, \cdots, GE_{p1+p2}, GR_{p1+p2+1}, \cdots, GR_{p1+p2+p3}\} \\ \omega'_{\max} = \max\{\omega'_1, \cdots, \omega'_{p1+p2+p3}\} \end{cases}$$

（9-41）

（2）所有输入对均落在内部区域。

$$\begin{cases} \lambda_2 \|\Sigma\| = \dfrac{k_u H k_{\max} \omega_{\max} p}{c} \|\Sigma\| < 1 \\ k_{\max} = \max\{GE_1 + GR_1, \cdots, GE_p + GR_p\} \\ \omega_{\max} = \max\{\omega'_1, \cdots, \omega'_p\} \end{cases} \quad (9\text{-}42)$$

（3）没有输入对落在内部区域，或者上边界上，或者左边界上。

$$\lambda_3 \|\Sigma\| = 0 < 1 \quad (9\text{-}43)$$

综合式（9-41）～（9-43）可以发现，当输入对落在规则库平面上的任何区域，式（9-42）均可满足。因此，当控制器参数满足式（9-42），则闭环控制系统是 BIBO 稳定的。

定理 9.2 给出了基于 BIBO 稳定的三域模糊控制器的一般性参数设计方法。对于三域模糊控制器而言，由于系统的空间分布特性，需要设计它的多个输入量化因子与多个空间权值才能得到满意的控制性能，然而目前还不存在成熟的设计方法。一个方便简单的方法就是在空间域上使用相同的输入量化因子和使用均匀的空间权值，即对于误差而言，令 $GE_1 = GE_2 = \cdots = GE_p = GE$，对于误差变化量而言，令 $GR_1 = GR_2 = \cdots = GR_p = GR$，对于空间权值而言，令 $\omega_1 = \omega_2 = \cdots = \omega_p$。于是，可以得到下面的一个推论。

推论 9.1 如果三域模糊控制器在空间上每一传感器测量点上具有相同的误差量化因子与相同的误差变化量量化因子，即 $GE_1 = GE_2 = \cdots = GE_p = GE$ 与 $GR_1 = GR_2 = \cdots = GR_p = GR$，并且在空间上采用均匀的空间权值，即 $\omega_1 = \omega_2 = \cdots = \omega_p$，则如图 9-3 所示的非线性三域模糊控制系统全局 BIBO 稳定的充分条件为：系统 Σ 的增益（算子范数）有界，即 $\|\Sigma\| < \infty$，并且三域模糊控制器的参数 GE、GR、k_u、H、c 满足下列不等式，即

$$\frac{k_u H(GE+GR)}{c}\|\Sigma\| < 1 \tag{9-44}$$

证明：

与上面证明过程相似，应用 $GE_1 = GE_2 = \cdots = GE_p = GE$，$GR_1 = GR_2 = \cdots = GR_p = GR$，及 $\omega_1 = \omega_2 = \cdots = \omega_p$，便很容易得到式（9-44）。

定理 9.2 给出了由三域模糊控制器 C 与系统 Σ 所构成的反馈连接系统 BIBO 稳定的充分条件，然而，三域模糊控制器 C 的参数满足式（9-28）能否保证空间分布系统 Σ′ 在整个空间域的输出也是有界的？对于这个问题，将给出下列定理 9.3。

定理 9.3[62] 如果系统 Σ′ 的增益有界，即 $\|\Sigma'\| < \infty$，并且三域模糊控制器 C 的参数满足式（9-28），则在三域模糊控制器 C 的控制下，系统 Σ′ 在整个空间域上的输出是有界的。

证明：

如果系统 Σ′ 的增益有界 $\|\Sigma'\| < \infty$，可以得到 $\|\Sigma\| \leq \|\Sigma'\| < \infty$。由于图 9-3 所示的反馈连接的两个系统均为有限增益 ℓ_∞ 稳定的，则可得

$$\|g_1\|_{\ell_\infty} \leq \gamma_1 \|h_1\|_{\ell_\infty} + \varphi_1 \quad \forall\, h_1 \in \ell_\infty^p \tag{9-45}$$

$$\|g_2\|_{\ell_\infty} \leq \gamma_2 \|h_2\|_{\ell_\infty} + \varphi_2 \quad \forall\, h_2 \in \ell_\infty^1 \tag{9-46}$$

其中 γ_1、γ_2、φ_1、φ_2 均为非负常数。

由于三域模糊控制器 C 所设计的参数满足式（9-28），使用定理 9.2，可知反馈连接是 BIBO 稳定的，于是得到

$$\|h_1\|_{\ell_\infty} \leq \frac{1}{1-\gamma_1\gamma_2}(\|u_1\|_{\ell_\infty} + \gamma_2\|u_2\|_{\ell_\infty} + \varphi_2 + \gamma_2\varphi_1) \qquad (9\text{-}47)$$

$$\|h_2\|_{\ell_\infty} \leq \frac{1}{1-\gamma_1\gamma_2}(\|u_2\|_{\ell_\infty} + \gamma_1\|u_1\|_{\ell_\infty} + \varphi_1 + \gamma_1\varphi_2) \qquad (9\text{-}48)$$

其中 $\gamma_1\gamma_2 < 1$，$\gamma_1 = \|C\|$，$\gamma_2 = \|\Sigma\|$，$u_1 \in \ell_\infty^p$，$u_2 \in \ell_\infty^1$。

将式（9-48）代入式（9-46），可得

$$\|\Sigma(h_2)\|_{\ell_\infty} = \|g_2\|_{\ell_\infty} \leq \gamma_2 \|h_2\|_{\ell_\infty} + \varphi_2 \leq \frac{\gamma_2}{1-\gamma_1\gamma_2}(\|u_2\|_{\ell_\infty} + \gamma_1\|u_1\|_{\ell_\infty} + \varphi_1 + \gamma_1\varphi_2) + \varphi_2 \qquad (9\text{-}49)$$

由于系统 $\overline{\Sigma}$ 代表系统 Σ' 在空间域上除测量点之外的输入输出非线性动态关系，可知 $\|\overline{\Sigma}\| \leq \|\Sigma'\|$，因此系统 $\overline{\Sigma}$ 的输出满足下列不等式，即

$$\|\overline{\Sigma}(h_2)\|_{\ell_\infty} \leq \|\overline{\Sigma}\|\|h_2\|_{\ell_\infty} + \varphi_3 \leq \|\Sigma'\|\|h_2\|_{\ell_\infty} + \varphi_3 \leq \frac{\|\Sigma'\|}{1-\gamma_1\gamma_2}(\|u_2\|_{\ell_\infty} + \gamma_1\|u_1\|_{\ell_\infty} + \varphi_1 + \gamma_1\varphi_2) + \varphi_3$$

$$(9\text{-}50)$$

其中，$\varphi_3 \geq 0$。

综合式（9-49）与式（9-50），可以得到结论：系统 Σ' 在整个空间域上的输出是有界的。

从定理 9.3 可以看出，只要空间分布系统 Σ' 是增益有界的，并且三域模糊控制器 C 的参数满足式（9-28），那么在此控制器的作用下，系统 Σ' 的输出在整个空间域上都是有界的。

9.2.2 仿真研究

以 2.2.3 节的非等温填充床反应器为例。由式（2-10）和（2-11）所描述的动态模型是用来揭示系统的热动态特性，并用作仿真模型来验证控制算法。在本节，用线方法来估计求解偏微分方程。对于控制系统的设计人员而言，可利用的信息则是来自多点传感器的测量信息和人类操作员或者专家的控制经验。

第9章 三域模糊控制系统的稳定性分析

在设计三域模糊控制器之前，需要先得到系统 Σ 的增益 $\|\Sigma\|$。通常情况下，因为难以对非线性微分方程进行解析求解[5]，所以较难甚至不可能得到系统 Σ 的准确增益值。由于三域模糊控制器的设计并不依赖于过程的数学模型，因此可以根据式（9-27），通过实验数据方法可得到系统的近似增益 $\|\Sigma\|$。在本例中，将控制信号限制在 $[0,2]$ 范围内，将其离散成 501 个点，作用于系统。由这些离散控制信号，可根据式（9-27）计算出系统增益 $\|\Sigma\|$ 的近似值为 1.086，实验过程中采样周期为 $T = 0.1$。

采用 PI 型三域模糊控制器。为方便简单起见，在空间每个测量点上采用相同的量化因子，即对于误差 $e_1^*, \cdots, e_5^*$ 而言，有 $GE_1 = GE_2 = \cdots = GE_5 = GE$；对于误差变化量 $r_1^*, \cdots, r_5^*$ 而言，有 $GR_1 = GR_2 = \cdots = GR_5 = GR$。采用均匀的空间权值，即 $\omega_1 = \omega_2 = \cdots = \omega_5$。选取控制器参数如下：$k_u = 0.3$、$GE = 0.5$、$GR = 0.1$、$H = 1$、$c = 1$、$N = 2$ 及 $\omega_1 = \omega_2 = \cdots = \omega_5 = 1/5$，将其代入式（9-44）左边可得 $\|\Sigma\| k_u H(GE + GR)/c = 0.195 < 1$，因此式（9-44）成立，它说明了图 9-3 所示的反馈连接结构是 BIBO 稳定的。

基于上述设计的三域模糊控制器，对本例反应器温度进行控制，反应器温度及操纵曲线分别由图 9-5（a）与（b）所示，到达稳态时反应器温度空间分布曲线由图 9-6 所示。图 9-5 与图 9-6 表明，在三域模糊控制器的控制下，整个空间上的反应器温度能够很好地跟踪新的设定值。仿真结果验证了根据 BIBO 稳定性条件设计三域模糊控制器参数的有效性。

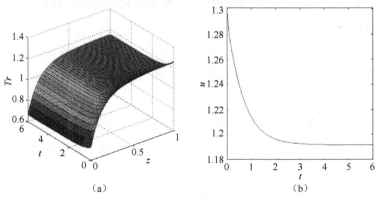

图 9-5 反应器的温度和操纵输入曲线

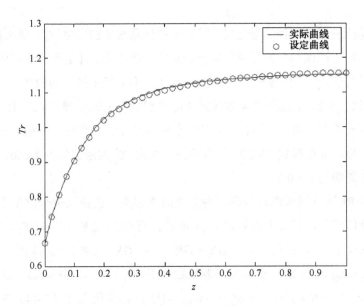

图 9-6 稳态时反应器温度空间分布曲线

本篇小结

本篇主要针对两项输入三域模糊控制器,推导出了它的数学解析式,分析了两种解析结构,并针对两种解析结构,得到两种确保系统稳定的设计方法,主要内容如下。

(1) 推导得到三域模糊控制器的数学解析式。在传统模糊控制器规则库平面分解的基础上,结合三域模糊控制器空间分布特点,推导得到了三域模糊控制器的数学解析式。

(2) 根据三域模糊控制器的数学解析式,可以把三域模糊控制器看成两种形式结构。第一种为空间变滑模结构;第二种为空间上多个传统模糊控制器的非线性集成。

(3) 基于三域模糊控制器的两种解析结构,得到了两种稳定性的设计方法。基于空间变滑模结构，通过构造合适的 Lyapunov 函数，得到了一种全局 Lyapunov 稳定的三域模糊控制器增益设计方法。基于空间上多个传统模糊控制器的非线性集成结构，运用了小增益定理，得到了一种全局 BIBO 稳定性的三域模糊控制器增益设计方法。

本篇参考文献

[1] 丁永生，应浩. 解析模糊控制理论:模糊控制系统的结构和稳定性分析. 控制与决策, 2000,15(2): 129-135

[2] Ying H. Analytical relationship between the fuzzy PID controllers and the linear PIDcontroller. *Technical report, Department of Biomedical Engineering, The University of Alabama at Birmingham*, 1987

[3] Ying H, Siler W, Buckley J J. Fuzzy control theory: a nonlinear case. *Automatica*, 1990, 26:513-520

[4] Ying H. The simplest fuzzy controllers using different inference methods are different nonlinear proportional-integral controllers with variable gains. *Automatica*, 1993a, 29:1579-1589

[5] Ying, H. Fuzzy control and modeling: analytical foundations and applications. New York: *IEEE Press*, 2000

[6] Chen G R. Conventional and fuzzy PID controllers: An overview. *International Journal of Intelligent Control and Systems*, 1996, 1(2): 235-246

[7] Misir D, Malki H A, Chen G R. Design and analysis of a fuzzy proportional-integral-derivative controller. *Fuzzy Sets and Systems*, 1996, 79(3): 297-314

[8] Malki H A, Misir D, Feigenspanet D, Chen G R. Fuzzy PID control of a flexible-joint robot arm with uncertainties from time-varying loads. *IEEE*

Transactions on Control Systems Technology, 1997, 5(3): 371-378

[9] Li H X. A comparative design and tuning for conventional fuzzy control. *IEEE Transactions on Systems, Man, and Cybernetics*, Part B, 1997, 27(5): 884-889

[10] Kim S W, Lee J J. Design of a fuzzy controller with fuzzy sliding surface. *Fuzzy Sets and Systems,* 1995, 71: 359-367

[11] Palm R. Robust-control by fuzzy sliding mode. *Automatica*, 1994, 30(9): 1429-1437

[12] Cao C T. Fuzzy compensator for stick-slip friction. *Mechatron*, 1993, 3(6): 783-794

[13] Li H X, Gatland H B, Green A W. Fuzzy variable structure control. *IEEE Transactions on Systems, Man, and Cybernetics*, Part B, 1997b, 27(2): 306-312

[14] Li H X, TSO S K. Duality of conventional fuzzy logic control. *International Journal of Intelligent control and Systems*, 1998, 2(4): 577-596

[15] Li H X, Gatland H B. Conventional fuzzy logic control and its enhancement. *IEEE Transactions on Systems, Man, and Cybernetics*, Part B, 1996, 26(5): 791-797

[16] Li H X, Zhang L, Cai K Y, Chen G R. An improved robust fuzzy-PID controller with optimal fuzzy reasoning. *IEEE Transactions on Systems, Man, and Cybernetics*, Part B, 2005, 35(6): 1283-1294

[17] Ying H. A fuzzy controller with linear control rules is the sum of a global two-dimensional multilevel relay and a local nonlinear proportional-integral controller. *Automatica*, 1993, 29:499-505

[18] Ying H. Analytical structure of a two-input two-output fuzzy controller and its relation to pi and multilevel relay controllers. *Fuzzy Sets and Systems*, 1994, 63:21-33

[19] Ying H. Structure decomposition of the general MIMO fuzzy systems. *International Journal of Intelligent Control and Systems*, 1996, 1:327-337

[20] Ying H. Analytical structure of the typical fuzzy controllers employing trapezoidal input fuzzy sets and nonlinear control rules. *Information Sciences*, 1999, 116:177-203

[21] Tong R M. Analysis and Control of Fuzzy Systems Using Finite Discrete Relations. *International Journal of Control*, 1978, 27:431-440

[22] 陈建勤，吕剑虹，陈来九. 模糊控制系统的闭环模型及稳定性分析. 自动化学报, 1994, 20(1): 1-10

[23] Chen Y Y. The global analysis of fuzzy dynamic systems. *PhD Dissertation, University of California, Berkeley, USA*. 1989

[24] Kiszka J B, Gupta M M, Nikiforuk P N. Energetistic stability of fuzzy dynamic systems. *IEEE Transactions on Systems, Man, and Cybernetics*, 1985, 15(6): 783-792

[25] Kickert W J M, Mamdani E H. Analysis of a fuzzy logic controller. *Fuzzy Sets and Systems,* 1978, 1: 29-44

[26] Aracil J, Gordillo F. Describing function method for stability analysis of PD and PI fuzzy controllers. *Fuzzy Sets and Systems,* 2004, 143(2): 233-249

[27] Aracil, J., Gordillo, F., ASlamo, T. Global stability analysis of second-order fuzzy control systems, in: Palm R., Driankov D., Hellendorn H.(Eds.), Advances in Fuzzy Control. *Springer, Berlin*,1998, 11-31

[28] Braae M, Rutherford D A. Section of parameters for a fuzzy logic control. *Fuzzy Sets and Systems,* 1979, 2:185-199

[29] Braae M, Rutherford D A. Theoretical and linguistic aspects of the fuzzy logic controller. *Automatica*, 1979, 15: 553-577

[30] Aracil J, Ollero A, GarcFGa-Cerezo A. Stability indices for the global analysis of expert control systems. *IEEE Transactions on Systems, Man, and Cybernetics*, 1989, 19(5): 998-1007

[31] Lian R J, Huang S J. A mixed fuzzy controller for MIMO systems. *Fuzzy Sets and Systems*, 2001, 120:73-93

[32] Ray K S, Majumder D D. Application of circle criteria for stability analysis of linear SISO and MIMO systems associated with fuzzy logic controller. *IEEE Transactions on Systems, Man, and Cybernetics*, 1984a, 14 (2): 345-349

[33] Guerra R E, Braess G S, Haber R H, Alique A, Alique J R. Using circle criteria for verifying asymptotic stability in PI-like fuzzy control systems: application to the milling process. *IEE Proceedings-Control Theory and Applications*, 2003, 150(6): 619-627

[34] Ray K S, Ghosh A M, Majumder D D. L2-stability and the related design concept for SISO linear system associated with fuzzy logic controller. *IEEE Transactions on Systems, Man, and Cybernetics*, 1984b, 14(6): 932-939

[35] Kandel A, Luo Y, Zhang Y Q. Stability analysis of fuzzy control systems. *Fuzzy Sets and Systems,* 1999, 105(1):33-48

[36] Chen G R, Ying H. BIBO stability of nonlinear fuzzy PI control systems. *Journal of Intelligent and Fuzzy Systems*, 1997, 5: 245-256

[37] Malki H A, Li H, Chen G R. New design and stability analysis of fuzzy proportional-derivative control systems. *IEEE Transactions on Fuzzy Systems*, 1994, 2: 245-254

[38] Mohan B M, Patel A V. Analytical Structures and Analysis of the Simplest Fuzzy PD Controllers. *IEEE Transactions on Systems, Man, and Cybernetics*, Part B, 2002, 32(2): 239-248

[39] Carvajal J, Chen G, Ogmen H. Fuzzy PID controller: Design, performance evaluation, and stability analysis. *Information Sciences*, 2000, 123: 249-270

[40] Feng G. Survey on Analysis and Design of Model-Based Fuzzy Control Systems. *IEEE Transactions on Fuzzy Systems*, 2006, 14(5): 676-697

[41] Cao S G, Rees N W, Feng G. Analysis and design of fuzzy control systems using dynamic fuzzy state space models. *IEEE Transactions on Fuzzy Systems*, 1999, 7(2): 192-200

[42] Feng G. Approaches to quadratic stabilization of uncertain fuzzy dynamic systems. *IEEE Transactions on Circuits and Systems I*, 2001, 48(6): 760-769

[43] Akar M, Ozguner U. Decentralized techniques for the analysis and control of Takagi-Sugeno fuzzy systems. *IEEE Transactions on Fuzzy Systems*, 2000, 8(6): 691-704

[44] Hong S K, Langari R. Robust fuzzy control of a magnetic bearing system subject to harmonic disturbances. *IEEE Transactions on Control Systems Technology*, 2000, 8(2): 366-371

[45] Lo J C, Lin M L. Observer-based robust H-infinity control for fuzzy systems using two-step procedure. *IEEE Transactions on Fuzzy Systems*, 2004, 12(3): 350-359

[46] Feng G. H-infinity controller design of fuzzy dynamic systems based on piecewise Lyapunov functions. *IEEE Transactions on Systems, Man, and Cybernetics*, Part B, 2004, 34(1): 283-292

[47] Tanaka K, Hori T, Wang H O. A multiple Lyapunov function approach to stabilization of fuzzy control systems. *IEEE Transactions on Fuzzy Systems*, 2003, 11(4): 582-589

[48] Feng G. An approach to adaptive control of fuzzy dynamic systems. *IEEE Transactions on Fuzzy Systems*, 2002, 10(2): 268-275

[49] Chen Y Y. Stability analysis of fuzzy control—A Lyapunov approach, in *Procedings of IEEE International Conference on Systems, Man, and Cybernetics*, Las Vegas, NV, 1987, pp. 1027-1031

[50] Bouslama F, Ichikawa A. Application of limit fuzzy controllers to stability analysis. *Fuzzy Sets and Systems,* 1992, 49: 103-120

[51] Yi S Y, Chung M Y. A robust fuzzy logic controller for robust manipulators with uncertainties. *IEEE Transactions on Systems, Man, and Cybernetics*, Part B, 1997, 27: 706-713

[52] Sugeno M. On Stability of Fuzzy Systems Expressed by Fuzzy Rules

with Singleton Consequents. *IEEE Transactions on Fuzzy Systems*, 1999, 7(2): 201-224

[53] Chen C L, Chang M H. Optimal design of fuzzy sliding mode control: A comparative study. *Fuzzy Sets and Systems,* 1998, 93(1): 37-48

[54] Glower S, Munighan J. Designing fuzzy controllers from a variable structures standpoint. *IEEE Transactions on Fuzzy Systems*, 1997, 5(1): 138-144

[55] Ha Q P, Nguyen Q H, Rye D C, Durrant-Whyte H F. Fuzzy sliding mode controllers with applications. *IEEE Transactions on Industrial Electronics*, 2001, 48(1): 38-46

[56] Hwang Y R, Tomizuka M. Fuzzy smoothing algorithms for variable structure systems. *IEEE Transactions on Fuzzy Systems*, 1994, 2(4): 277-284

[57] Feng G, Cao G, Rees N W, Chak C K. Design of fuzzy control systems with guaranteed stability. *Fuzzy Sets and Systems,* 1997, 85(1): 1-10

[58] Wang L X. Stable adaptive fuzzy control of nonlinear systems. *IEEE Transactions on Fuzzy Systems*, 1993, 1(2): 146-155

[59] Chen J Y. Rule regulation of fuzzy sliding mode controller design: Direct adaptive approach. *Fuzzy Sets and Systems,* 2001, 120(1): 159-168

[60] Li H X, Gatland H B, Green A W. Fuzzy variable structure control. *IEEE Transactions on Systems, Man, and Cybernetics*, Part B, 1997b, 27(2): 306-312.

[61] Zhang X -X, Li H -X, Li S Y. Analytical study and stability design of three-dimensional fuzzy logic controller for spatially distributed dynamic systems. IEEE Trans. *Fuzzy Syst*, 2008, 16(6): 1613-1625

[62] Zhang X -X, Li S Y, Li H -X. Structure and BIBO Stability of a Three-dimensional Fuzzy Two-term Control System. *Mathematics and Computers in Simulation*, 2010, 80(10): 1985-2004

[63] Christofides P D. Nonlinear and Robust Control of Partial Differential Equation Systems: Methods and Applications to Transport-Reaction Processes. Boston: *Birkhäuser*, 2001

[64] Deng H, Li H X, Chen G R. Spectral approximation based intelligent modeling for distributed thermal process. *IEEE Transactions on Control Systems Technology*, 2005, 13(5): 686 -700

[65] Doumanidis C C, Fourligkas N. Temperature distribution control in scanned thermal processing of thin circular parts. *IEEE Transactions on Control Systems Technology*, 2001, 9(5): 708-717

[66] Scott A C. A nonlinear Klein-Gordon equation. *American Journal of Physics*, 1969, 37: 52-61

[67] Slotine J J E, Li W. Applied Nonlinear Control. Englewood cliffs, New Jersey: *Prentice-Hall*, 1991

[68] Schiesser W E. The numerical methods of lines integration of partial differential equations. San Diego: *Academic Press*, 1991

[69] Fromion V, Monaco S, Normand-Cyrot D. The weighted incremental norm approach: from linear to nonlinear H∞control. *Automatica*, 2001, 37: 1585-1592

[70] Khalil H K. Nonlinear systems. 2nd Edition. New Jersey: *Prentice-Hall*, 1996

[71] Chen G R. Stability of nonlinear systems. in: K. Chang, (Ed.), Encyclopedia of RF and Microwave Engineering, *Wiley*, 2004, pp. 4881-4896

[72] Desoer C A., Vidyasagar M. Feedback systems: Input-output properties. New York: *Academic Press*, 1975

第三篇　多控制源空间分布系统

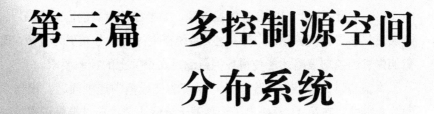

第 10 章 概述

在实际工业生产过程中，有的系统只设置了一个空间分布的控制源，如填充床催化反应系统[1][2]、钨沉积 CVD 系统[3]等。针对此类空间分布系统，三域模糊控制器能够有效地解决空间域上的控制要求。然而，有的系统设置了多个（相同或者不同）空间分布的控制源，如半导体封装的固化系统[4]、三区快速加热化学气相沉积系统[5]等。这类系统在空间上的分布更为复杂，需要采取更加先进的控制策略才能使得被控量满足在空间上的控制要求。

本篇将讨论多控制源空间分布系统的三域模糊控制问题。根据系统的空间分布特性，在第 11 章提出了一种基于分解协调的三域模糊逻辑控制策略，将三域模糊控制器处理空间信息的优点扩展到多控制源空间分布系统，使其能够处理一般的空间分布系统的控制问题。

第 11 章 基于分解协调的三域模糊控制器设计

许多空间分布动态系统在空间域上具有局部空间影响特性。根据这一特性，首先可将系统的空间域进行分解，然后再将系统进行分解。针对每个子系统，均可设计基于第 4 章所介绍的三域模糊控制器。由于空间邻近子系统之间的耦合较大，需要协调空间邻近的三域模糊控制器的输出[6]。

11.1 分解策略

11.1.1 空间分解

为了能把多控制源系统的空间域进行定量的划分，定义了影响度的概念。

定义 11.1 影响度[7]—一个单位控制源影响空间域上的节点的强度称为影响度。用 Ω 表示空间域上的节点集合，$o \in \Omega$ 表示空区域上的一个节点，Ξ 表示控制源的集合，$\upsilon \in \Xi$ 表示一个控制源，则 $\phi(o,\upsilon) \in IR$ 表示控制源 υ 对节点 o 的影响度。

一个控制源在空间域上各个节点的影响度可以通过数字仿真、实验等途径获得。图 11-1 表示热源通过热传递影响一个空间域上的温度分布，其中图（a）表示稳态时热源在空间区域上的各个节点上的影响度，影响度在空间域上形成一个"热山"[7]。"热山"说明了控制源在空间域上的局部影响特性，对那些距离控制源较近的节点影响较强，而对那些较远的节点影响相对小。在空间域上分布的不同控制源将产生不同形状的"热山"（见图 11-1（b）），这主要取决于物理系统的几何形状、边界条件、材料的属性等。

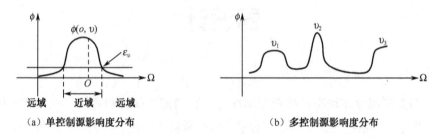

图 11-1　影响度分布曲线

根据影响度的概念，可以定量地把一个控制源在空间域上的影响范围划分为近域和远域（见图 11-1（a）），并且给出如下定义。

定义 11.2　近域和远域[7]　控制源 v 的近域可以用一些节点的集合 Nv 表示，其中 $Nv = \{o \in \Omega\,|\,\phi(o,v) > \varepsilon_v\}$，控制源 v 的远域则表示为 $\Omega - Nv$。ε_v 为 v 在空间域节点集合 Ω 上的影响度阈值。

ε_v 的大小主要取决于 v 的位置，其可以是固定的值，也可以是与"热山"的峰值成比例的值[7]。针对不同控制源，根据实际情况可以取相同或不同的影响度阈值。在本书，采用与"热山"峰值成比例的影响度阈值设定方法，并且针对不同的控制源采用不同的影响度阈值。

因此，一个多控制源空间分布系统的空间域可以分解成多个子区域，如图 11-2 所示。任一个子区域对应于一个控制源的近域，其他子区域便是这个控制源的远域。例如，对于控制源 u_2 而言，子区域 2 是它的近域，子区域 1、3、…、L 均是它的远域。控制源在它的近域将产生较强的影响，在它的远域将产生相对弱的影响。

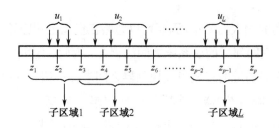

图 11-2 空间域分解

11.1.2 复杂系统分解

空间域的分解是复杂系统分解的基础。利用上述空间域分解的结果，可以得到控制源与子区域的一一对应关系，即每一个控制源在空间域上都有一个影响较大的区域（近域）。根据主要影响因素和忽略次要影响因素的划分原则，可以把多控制源空间分布的复杂物理系统分解成相对简单的子系统，而每个子系统可以看成一个单控制源空间分布的系统。从整个空间域的角度来看，这些子系统又是相互关联耦合的，如图 11-3 所示，每个子系统将直接影响它的邻近子系统。

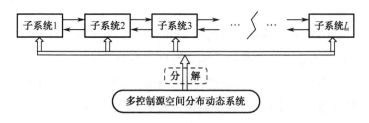

图 11-3 复杂系统分解

11.2 协调策略

由于空间分布系统所具有的特殊性（局部影响特性），子系统之间的耦合会随着空间距离的增大而减小，因而可以忽略在空间上相距较远的子系统之间的耦合，仅考虑空间邻近的子系统之间的耦合。为此，便可采取一种局部协调的策略，仅对空间邻近的三域模糊控制器之间进行协调（见图 11-4）[6]。对于需要协调的三域模糊控制器，使其在原来控制输出的基础上增加一协调输出，此处将未经协调时应该产生的输出称为主控制输出，而将增加的输出称为协调控制输出。

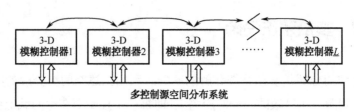

图 11-4　针对多控制源空间分布系统三域模糊控制器之间的协调

11.3　基于分解协调的三域模糊控制系统框架

基于分解协调的三域模糊控制具有如图 11-5 所示的分层结构[6]。从下至上，位于底层的分解模块首先将空间域分解成多个子区域，进而将复杂多控制源系统分解成多个相对简单的单控制源子系统。在中间层，每个子系统均采用三域模糊控制器。在顶层，针对子系统之间不可忽略的较强耦合，协调模块对空间邻近子系统之间进行局部协调，最后形成了协调式三域模糊控制。多个协调式三域模糊控制最终实现整个空间上的控制目标，如跟踪某空间分布曲线、达到某空间均匀性等。

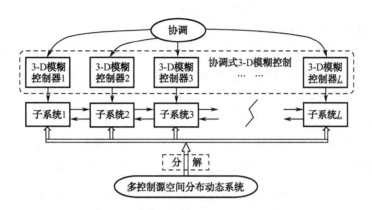

图 11-5 基于分解协调的三域模糊控制总结构

11.4 基于分解协调的三域模糊控制器设计

11.4.1 设计原理

对于子系统 Ψ，假设它的空间邻近子系统为 $\Psi_N = \{\Psi_1, \Psi_2, \cdots, \Psi_Q\}$，其中 Ψ_q 为第 q 个空间邻近子系统（$q=1,\cdots,Q$），Q 为正整数，并且 $Q \leq L$。子系统 Ψ 的子区域为 $\bar{z}_\Psi = \{z_{\Psi,1}, \cdots, z_{\Psi,n\Psi}\}$，其中 $n\Psi$ 为传感器数目，$z_{\Psi,m}$（$m=1,\cdots,n\Psi$）为空间点。定义 $e_\Psi(\bar{z}_\Psi)$ 和 $r_\Psi(\bar{z}_\Psi)$ 分别为子区域 Ψ 上的量化的空间误差和空间误差变化率，在空间点 $z_{\Psi,m}$ 上的误差和误差变化率分别表示为 $e_\Psi(z_{\Psi,m}) = e_{\Psi,m}$ 及 $r_\Psi(z_{\Psi,m}) = r_{\Psi,m}$。第 q 个空间邻近子系统 Ψ_q 的子区域为 $\bar{z}_\Psi = \{z_{\Psi_q,1}, \cdots, z_{\Psi_q,n\Psi_q}\}$，其中 $n\Psi_q$ 为传感器数目，$z_{\Psi_q,m}$（$m=1,\cdots,n\Psi_q$）为空间点。定义 $e_{\Psi_q}(\bar{z}_{\Psi_q})$ 和 $r_{\Psi_q}(\bar{z}_{\Psi_q})$ 分别为子区域 Ψ_q 上的量化的空间误差和空间误差变化率，在空间点 $z_{\Psi_q,m}$ 上的误差和误差变化率分别表示为 $e_{\Psi_q}(z_{\Psi_q,m}) = e_{\Psi_q,m}$ 及 $r_{\Psi_q}(z_{\Psi_q,m}) = r_{\Psi_q,m}$。

考虑协调的空间控制规则可表示为下式，即

融合空间信息的三域模糊控制器

$\bar{R}'_\Psi(i_\Psi, j_\Psi, i_{\Psi_1}, j_{\Psi_1}, \cdots, i_{\Psi_Q}, j_{\Psi_Q})$:

IF $[e_\Psi(\bar{z}_\Psi)$ is $\bar{A}_{\Psi,i_\Psi}$ and $r_\Psi(\bar{z}_\Psi)$ is $\bar{B}_{\Psi,j_\Psi}]$ and $[e_{\Psi_1}(\bar{z}_{\Psi_1})$ is $\bar{A}_{\Psi_1,i_{\Psi_1}}$ and $r_{\Psi_1}(\bar{z}_{\Psi_1})$ is $\bar{B}_{\Psi_1,j_{\Psi_1}}]$ and $\cdots$ and $[e_{\Psi_Q}(\bar{z}_{\Psi_Q})$ is $\bar{A}_{\Psi_Q,i_{\Psi_Q}}$ and $r_{\Psi_Q}(\bar{z}_{\Psi_Q})$ is $\bar{B}_{\Psi_Q,j_{\Psi_Q}}]$ THEN u_Ψ is V'_{Ψ,k'_Ψ}

(11-1)

在上式中，V'_{Ψ,k'_Ψ} 表示一个单点式传统模糊集，其在 $H_\Psi k_\Psi + \lambda_{\Psi_1,\Psi} H_{\Psi_1} k_{\Psi_1} + \lambda_{\Psi_2,\Psi} H_{\Psi_2} k_{\Psi_2} + \cdots + \lambda_{\Psi_Q,\Psi} H_{\Psi_Q} k_{\Psi_Q}$ 处是非零的，其中 H_{Ψ_q} 为 u_{Ψ_q} 的相邻两个模糊集中心之间的距离，$k_{\Psi_q} = f_{\Psi_q}(i_{\Psi_q}, j_{\Psi_q})$ 为 i_{Ψ_q} 与 j_{Ψ_q} 的函数，$\lambda_{\Psi_q,\Psi}$ 为子系统 Ψ_q 对子系统 Ψ 的协调参数。$H_\Psi k_\Psi$ 为主控制输出，$\lambda_{\Psi_1,\Psi} H_{\Psi_1} k_{\Psi_1} + \lambda_{\Psi_2,\Psi} H_{\Psi_2} k_{\Psi_2} + \cdots + \lambda_{\Psi_Q,\Psi} H_{\Psi_Q} k_{\Psi_Q}$ 为协调控制输出。

协调参数的符号和幅值大小与相邻子系统之间的输出是如何耦合紧密相关的。假设用 $y_{r1}(\bar{z}_{r1})$ 和 $y_{r2}(\bar{z}_{r2})$ 分别表示子系统 r_1 和子系统 r_2 在其子区域上的空间输出。如果 $y_{r1}(\bar{z}_{r1})$ 的增加将引起 $y_{r2}(\bar{z}_{r2})$ 的增加（减小），$\lambda_{r1,r2}$ 将取负号（正号），并且如果这种耦合越大，$\lambda_{r1,r2}$ 的绝对值就会越大[8]；如果这种耦合不存在了，那么 $\lambda_{r1,r2}$ 就为 0；如果所有协调参数均为 0，则式（11-1）就退化为标准的空间模糊规则。

为了区别于典型三域模糊控制器（参见第 4 章），本书把带有协调功能的三域模糊控制器称为协调式三域模糊控制器。当控制器产生增量式输出，则称之为 PI 型控制器；当控制器产生直接输出，则称之为 PD 型控制器。对于子系统 Ψ，协调式三域模糊控制器具有如下计算步骤。

（1）空间模糊化

将清晰的空间输入经模糊化操作之后，子区域 ς（$\varsigma = \Psi, \Psi_1, \Psi_2, \cdots, \Psi_Q$）上的空间误差和误差变化率的输入模糊集分别表示为 $\bar{C}_{E,\varsigma}$ 及 $\bar{C}_{\Delta E,\varsigma}$。由于使用有限数目点式传感器测量信息，$\bar{C}_{E,\varsigma}$ 及 $\bar{C}_{\Delta E,\varsigma}$ 可表示为如下离散形式，即

$$\bar{C}_{E,\varsigma} = \sum_{z \in \bar{z}_\varsigma} \sum_{e_\varsigma(z) \in E_\varsigma} \mu_{E_\varsigma}(e_\varsigma(z), z) / (e_\varsigma(z), z), \quad \bar{C}_{\Delta E,\varsigma} = \sum_{z \in \bar{z}_\varsigma} \sum_{r_\varsigma(z) \in \Delta E_\varsigma} \mu_{\Delta E_\varsigma}(r_\varsigma(z), z) / (r_\varsigma(z), z)$$

其中，E_ς 及 ΔE_ς 分别为空间点 z 上误差及误差变化率 $e_\varsigma(z)$ 及 $r_\varsigma(z)$ 的论域；$\mu_{E_\varsigma}(e_\varsigma(z), z)$ 及 $\mu_{\Delta E_\varsigma}(r_\varsigma(z), z)$ 均为三维隶属度。

此区域上输入模糊集可综合表示为式（11-2）。

第11章 基于分解协调的三域模糊控制器设计

$$\bar{C}_{X_\varsigma} = \sum_{z \in \bar{z}_\varsigma} \sum_{e_\varsigma(z) \in E_\varsigma} \sum_{r_\varsigma(z) \in \Delta E_\varsigma} \mu_{\bar{C}_{X_\varsigma}}(e_\varsigma(z), r_\varsigma(z), z) / (e_\varsigma(z), r_\varsigma(z), z)$$
$$= \sum_{z \in \bar{z}_\varsigma} \sum_{e_\varsigma(z) \in E_\varsigma} \sum_{r_\varsigma(z) \in \Delta E_\varsigma} \mu_{E_\varsigma}(e_\varsigma(z), z) * \mu_{\Delta E_\varsigma}(r_\varsigma(z), z) / (e_\varsigma(z), r_\varsigma(z), z)$$
（11-2）

其中，$*$ 表示 t-norm 操作。

（2）三域模糊规则推理

对式（11-1）空间模糊规则进行推理。首先，当空间输入经过空间信息融合操作之后，在每个子区域上形成空间隶属度分布，在子区域 ς 上其可表示为

$$\mu_{W^l,\varsigma}(z) = \mu_{\bar{C}_{X_\varsigma} \circ (\bar{A}^l_{\varsigma,l_\varsigma} \times \bar{B}^l_{\varsigma,l_\varsigma})}(e_\varsigma(z), r_\varsigma(z), z)$$
$$= \sup_{e_\varsigma(z) \in E_\varsigma, r_\varsigma(z) \in \Delta E_\varsigma} [\mu_{\bar{C}_{X_\varsigma}}(e_\varsigma(z), r_\varsigma(z), z) * \mu_{\bar{A}^l_{\varsigma,l_\varsigma} \times \bar{B}^l_{\varsigma,l_\varsigma}}(e_\varsigma(z), r_\varsigma(z), z)]$$
$$= \sup_{e_\varsigma(z) \in E_\varsigma, r_\varsigma(z) \in \Delta E_\varsigma} [\mu_{E_\varsigma}(e_\varsigma(z), z) * \mu_{\Delta E_\varsigma}(r_\varsigma(z), z) * \mu_{\bar{A}^l_{\varsigma,l_\varsigma}}(e_\varsigma(z), z) * \mu_{\bar{B}^l_{\varsigma,l_\varsigma}}(r_\varsigma(z), z)]$$
$$= \{\sup_{e_\varsigma(z) \in E_\varsigma} [\mu_{E_\varsigma}(e_\varsigma(z), z) * \mu_{\bar{A}^l_{\varsigma,l_\varsigma}}(e_\varsigma(z), z)]\} * \{\sup_{r_\varsigma(z) \in \Delta E_\varsigma} [\mu_{\Delta E_\varsigma}(r_\varsigma(z), z) * \mu_{\bar{B}^l_{\varsigma,l_\varsigma}}(r_\varsigma(z), z)]\} \quad z \in \bar{z}_\varsigma$$

（11-3）

其中，$\mu_{W^l,\varsigma}(z)$ 为在空间点 z 上的空间隶属度。

然后，对式（11-1）进行降维操作。若采用加权综合法降维，则空间隶属分布函数压缩成如下形式，即

$$\mu_{\phi^l,\varsigma} = a_1 \mu_{W^l,\varsigma}(z_{\varsigma,1}) + \cdots + a_{n\varsigma} \mu_{W^l,\varsigma}(z_{\varsigma,n\varsigma})$$

其中，a_I（$I = 1, \cdots, n\varsigma$）表示子区域 ς 上空间点 $z_{\varsigma,I}$ 的权重。

随后，对式（11-1）执行空间推理的最后一个操作—传统推理操作，则可得

$$\mu_{D^l_\varsigma}(u_\varsigma) = \mu_{\phi^l,\varsigma} * \mu_{\phi^l,\varsigma 1} * \cdots * \mu_{\phi^l,\varsigma Q} * \mu_{V^l_{\varsigma,l_\varsigma}}(u_\varsigma) = \mu^l_{\gamma\varsigma} * \mu_{V^l_{\varsigma,l_\varsigma}}(u_\varsigma) \quad u_\varsigma \in U_\varsigma$$

其中，$\mu^l_{\gamma\varsigma} = \mu_{\phi^l,\varsigma} * \mu_{\phi^l,\varsigma 1} * \cdots * \mu_{\phi^l,\varsigma Q}$ 及 D^l_ς 分别为第 l 条激发规则的激发强度及输出模糊集（传统模糊集）；U_ς 为 u_ς 的论域。

最后，组合所有激发的规则得到

$$D_\varsigma = \bigcup_{l=1}^{N_\varsigma} D^l_\varsigma$$

其中，N_ς 为激发规则数；D_ς 为组合输出模糊集（传统模糊集）。

（3）去模糊化

对输出模糊集进行解模糊化。若采用"Center-of-sets"方法，则可得到如下清晰控制输出

$$u_\varsigma = \sum_{l=1}^{N_\varsigma} c_\varsigma^l \mu_{\gamma\varsigma}^l \bigg/ \sum_{l=1}^{N_\varsigma} \mu_{\gamma\varsigma}^l$$

其中，$c_\varsigma^l \in u_\varsigma$ 为第 l 条激发规则后件集的质心。

对于复杂多控制源空间分布系统，可采用多个协调式三域模糊控制器来实现全局系统的控制要求。采取此结构存在以下三个主要优点。

① 非集中控制，是个自组织行为，即局部调节信息通过子系统之间的耦合作用在系统中扩散传递，最终实现整个空间上的控制目标（如跟踪某空间分布曲线、达到空间均匀性等）。

② 分布式计算。相对于传统的集中式计算而言，这种局部协调策略则是把计算资源分配到相对简单的智能计算单元。

③ 系统的可扩展性好，增加或减少一个控制源不需要改变全局系统的控制算法，只需单独设计相应的协调式三域模糊控制器，并且修改邻近子系统的协调式三域模糊控制器的协调参数即可。

11.4.2 设计步骤

基于分解协调的三域模糊模糊控制设计可以归纳为下列几点。
① 根据系统的物理特性，在空间域内合理的配置多个点式传感器；
② 根据实验、仿真等，把空间域进行分解，得到与控制源数目相同的子区域数，并且把多控制源系统分解成多个单控制源子系统；
③ 针对每个子系统设计协调式三域模糊控制器；
④ 选取合适的控制器参数，如输入量化因子、输出比例因子、协调参数等，使多控制源系统在整个空间域上满足一定的控制目标。

11.4.3 设计实例与仿真研究

以 2.2.4 节的三区快速加热化学气相沉积（RTCVD）反应器为例。由式（2-12）和式（2-13）所描述的晶圆热动态模型是用来揭示系统的热动态特性，

第11章 基于分解协调的三域模糊控制器设计

并用作仿真模型来验证控制算法。在本节，用线方法来估计求解偏微分方程。对于控制系统的设计人员而言，可利用的信息则是来自于多点传感器的测量信息和人类操作员或者专家的控制经验。

根据11.4.2节所提到的设计步骤和方法，针对RTCVD系统设计基于分解协调的三域模糊模糊控制器。首先，使用6个点式传感器，将其安置在径向位置[1.27 2.53 3.8 5.07 6.33 7.6]，用来测量晶圆径向温度。然后根据第11.1.1节所介绍的基于影响度的空间域分解方法，通过仿真实验，把沿晶圆径向方向的空间域分解成三个子区域。在空间域的分解过程中，采用与"热山"的峰值成比例的影响度阈值设定方法，三区加热灯组（A、B及C）的影响度阈值分别为0.5、0.6及0.24，则传感器点组[1.27 2.53 3.8]、[3.8 5.07 6.33 7.6]及[5.07 6.33 7.6]分别包含于三区加热灯组（A、B及C）的各子区域内。于是将RTCVD系统分解成三个子系统，然后针对每个子系统设计了PI型协调式三域模糊控制器。每个协调式三域模糊控制器均具有如下的构成：来自每个传感器测量点的归一化的输入均采用如图11-6（a）所示的三角隶属度函数，输出采用如图11-6（b）所示的单点隶属度函数（H=1），模糊化方法采用单点式，规则库采用如式（11-1）所示的线性规则，多个前件的"与"操作及Mamdani蕴涵操作均采用最小t-norm，多个规则的模糊联合采用最大t-conorm，降维操作采用加权综合方法，反模糊化方法采用Center-of-sets。最后调整每个协调式三域模糊控制器的参数，包括在每个传感点上误差和误差变化量的量化因子、输出比例因子和协调参数，使得晶圆温度在整个晶圆半径上能够快速均匀的达到设定温度值。对于每一个协调式三域模糊控制器，为方便简单起见，在子区域上的每点上的误差输入和误差变化量输入均采用相同的量化因子。于是，最后调整后输入量化因子、输出比例因子和协调参数具有如下数值，即

$$k_e^A = 0.0006, k_d^A = 0.006, k_u^A = 0.13, \lambda_{BA} = -0.1$$
$$k_e^B = 0.0006, k_d^B = 0.006, k_u^B = 0.07, \lambda_{AB} = -0.2, \lambda_{CB} = -0.05$$
$$k_e^C = 0.0006, k_d^C = 0.006, k_u^C = 0.115, \lambda_{BC} = -0.1$$

其中，k_e^i、k_d^i及k_u^i（$i = A$，或B，或C）分别表示灯组i的误差量化因子、误差变化量量化因子及输出比例因子；λ_{jk}（$j, k = A$，或B，或C）表示子系

统 k 对子系统 j 的协调参数。

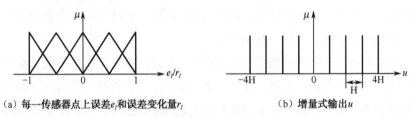

(a) 每一传感器点上误差 e_j 和误差变化量 r_j

(b) 增量式输出 u

图 11-6　输入及输出模糊集

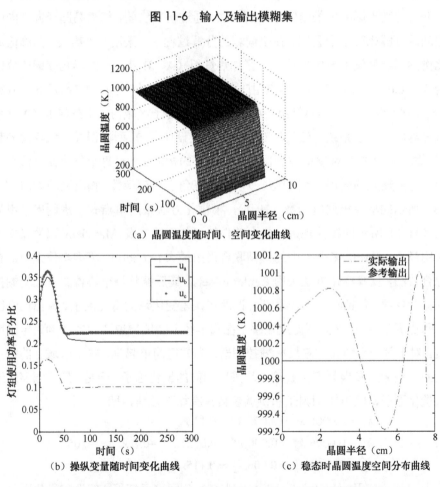

(a) 晶圆温度随时间、空间变化曲线

(b) 操纵变量随时间变化曲线

(c) 稳态时晶圆温度空间分布曲线

图 11-7　基于分解协调的三域模糊控制的晶圆温度和操纵变量曲线

第11章 基于分解协调的三域模糊控制器设计

由上述所设计的基于分解协调的三域模糊控制下的晶圆温度随时间与空间变化曲线、传感器测量点上晶圆温度随时间变化曲线、操纵变量曲线及稳态时晶圆温度空间分布曲线分别由图11-7（a）、(b)及(c)所示。从图11-7可以看出，在整个晶圆半径上晶圆温度能够快速达到设定温度值1000K，并且均匀性较好，最大不均匀温度小于1K。

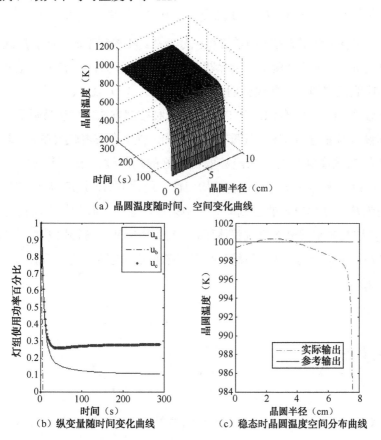

图 11-8 常规 PI 控制的晶圆温度和操纵变量曲线

由于 PID 控制器在工业生产中有着极其广泛的应用，因此对 RTCVD 系统做了关于常规 PI 控制的仿真研究（对应于与本节的 PI 型协调式三域模糊控制器）。由于目前还没有关于 PI 控制器如何处理空间信息的方法，仅把来自一个传感器点上的误差及误差变化量信息作为 PI 控制器的输入。由于系统具有三区加热灯组，那么采用了三个 PI 控制器。取径向方向位置 1.27、3.8 及 6.33 分别作为三区加热灯组（A、B 及 C）的 PI 控制器的传感器测量点输入。采用试凑法对 PI 控制器的比例和积分增益进行调整，经过大量仿真实验，得到下列一组使得系统取得最好控制效果的增益参数：$k_{pA}=0.01$、$k_{iA}=0.0016$、$k_{pB}=0.01$、$k_{iB}=0.0011$、$k_{pC}=0.01$ 及 $k_{iC}=0.0016$，其中 k_{pj} 及 k_{ij}（$j=A$，或 B，或 C）分别表示灯组 j 的比例增益和积分增益。PI 控制下的晶圆温度随时间与空间变化曲线、传感器测量点上晶圆温度随时间变化曲线、操纵变量曲线及稳态时晶圆温度空间分布曲线分别由图 11-8（a）、（b）及（c）所示。

比较图 11-7 和图 11-8，可以发现，两种控制方法均可使晶圆温度能够快速达到设定温度值 1000K，但两者在空间均匀性上存在着较大差异，即基于分解协调的三域模糊控制方法能够取得较好的均匀性（最大不均匀温度小于 1K），而 PI 控制方法却有着较差的均匀性（最大不均匀温度接近 26K）。这主要是因为基于分解协调的三域模糊控制采取一套行之有效的空间信息处理机制：从多控制源空间分布系统整体而言，它利用空间系统特性采取了分解协调控制策略；从系统局部（子系统）而言，它采用了能够处理空间信息的三域模糊控制策略。

本篇小结

本篇工作主要集中在将第一篇介绍的单控制源三域模糊控制器，对其进行推广拓展，使其能够解决具有多个控制源的空间分布动态系统的控制问题，主要内容如下。

（1）利用空间分布动态系统的空间局部影响特性，提出分解策略。首先将空间域分解，然后再对系统进行分解，最后将多控制源空间分布动态系统分解成多个相对简单的单控制源空间分布动态系统。

（2）根据子系统之间的空间上的局部耦合特性，提出协调式三域模糊控制器。

（3）提出了基于分解协调的三域模糊控制系统框架，并且给出了设计步骤。

本篇参考文献

[1] Ray W H. Advanced process control. New York: McGraw-Hill, 1981

[2] Christofides P D. Nonlinear and Robust Control of Partial Differential Equation Systems: Methods and Applications to Transport-Reaction Processes. Boston: *Birkhäuser*, 2001

[3] Adomaitis R A. A reduced-basis discretization method for chemical vapor deposition reactor simulation. *Mathematical and Computer Modelling*, 2003, 38:159-175

[4] Deng H, Li H X, Chen G R. Spectral approximation based intelligent modeling for distributed thermal process. *IEEE Transactions on Control Systems Technology*, 2005, 13(5): 686 -700

[5] Theodoropoulou A, Adomaitis R A, Zafiriou E. Model Reduction for Optimization of Rapid Thermal Chemical Vapor Deposition Systems. *IEEE Transactions on Semiconductor Manufacturing*, 1998, 11(1): 85-98

[6] 张宪霞，李少远，李涵雄. 基于分解协调的空间分布系统的模糊控制. 控制与决策，2008, 23(6): 709-713

[7] Bailey-Kellogg C, Zhao F. Influence-based model decomposition for reasoning about spatially distributed physical systems. *Artificial Intelligence*, 2001, 130: 125-166

[8] Ying H. Fuzzy control and modeling: analytical foundations and applications. New York: *IEEE Press*, 2000

第四篇 基于数据驱动的设计方法

第 12 章 概述

12.1 引言

到目前为止,所讨论的三域模糊控制器均是由基于专家知识和经验所描述的模糊 IF-THEN 规则而设计[1][2][3][4][5]。基于专家知识与经验设计三域模糊控制器的优势在于:在无需复杂数学知识的前提下,将人类专家的经验能够有效的嵌入到三域模糊控制框架,最终产生满意的控制性能。采用这种方法的前提是人类知识的控制解必须存在,并且这种知识能够清晰的表示成语言规则的形式。因而,这种知识被称之为显性知识[6]。而实际系统往往都是复杂的,有时会出现难以用清晰的、准确的语言来表达知识的情况,这种知识被称之为隐性知识[6]。在这种情况下,可以利用传感器来获取系统关键变量的输入输出数据,利用机器学习算法,从输入输出数据中提取控制规律,并将其表示成三域模糊控制规则的形式,从而构成三域模糊控制器。

12.2 基于数据驱动的传统模糊控制设计

基于数据驱动的传统模糊控制器设计一般是由规则产生与系统优化(包括结构优化与参数优化)两部分构成[7]。在过去二三十年中,很多学者对相关内容做了大量研究,并取得一些较为成熟的方法。例如,采用多维空间的格划分法[8]、聚类法[9]等方法从数据中自动产生规则;采用删除多余变量法[9]、融合相似聚类法[10]、融合相似模糊集合法[11]等方法减少规则数目，实现结构优化；采用遗传算法[12]、梯度下降法[6]、线性规划[13]等方法对隶属度函数及规则后件进行优化调整，实现参数优化。本书将介绍格划分、聚类划分、基于遗传算法的划分、基于正交最小二乘的划分和基于支持向量机的划分，它们的划分形式如图12-1所示。

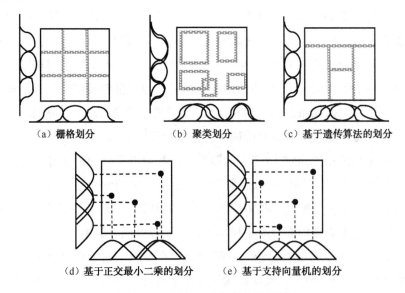

图 12-1　二维输入空间传统模糊划分

（1）栅格划分是划分输入空间最直接的方法，其中每个栅格表示一条模糊规则，参见图 12-1（a）。应用该方法，模糊规则数随着输入空间维数的增加呈指数增长。栅格划分虽然简单，由于没有考虑训练数据的分布特点和语言信息，在高维情况下"维数灾难"现象明显。

（2）聚类划分是发展成熟、应用广泛的一项模糊规则提取技术，常用的离线聚类技术有：最近邻聚类法[6]、模糊C均值聚类[6]、山峰聚类[14]等。聚类划分为模糊规则提取提供了一种更为灵活的工具。如图12-1（b）所示的聚类划分，将训练数据集以某种策略进行分类，每个聚类代表一条模糊规则，聚类中心通常是由计算属于该类的训练数据的均值得到，也有可能是训练数据集里的某些样本。对比栅格划分，聚类划分会生成更少的模糊规则。由于每个输入变量的隶属度函数的个数并未减少[15]，因此得到的聚类个数会比分配给单个输入变量模糊集的个数要多。一般来说，聚类法提取模糊规则技术会造成某些隶属度函数之间存在很高的相似性（见图 12-1（b）），所以需要其他的算法来合并这些相似度很高的隶属度函数，从而得到既简洁又具有较高精度的模糊规则库。聚类划分的结果可能会受到噪声的影响，而且在聚类大小不一致时，聚类划分过程会更倾向于较大的聚类[16]。由于聚类中心通常对应于模糊规则前件隶属度函数的峰值，因此偏离的聚类中心会影响整个推理系统的 IF 部分。

（3）基于遗传算法划分输入空间是一种比较灵活的提取模糊规则技术，其划分结果由图 12-1（c）给出。遗传算法的优点是能够找到全局最优解，而且还能优化相应模糊系统的结构和参数。但该算法非常耗时，划分的输入空间并不能赋予每个输入变量具有明确意义的模糊集[17]。

（4）正交最小二乘法[18][19]是依赖于从训练数据集获得的部分重要的"关键点"[16]来提取模糊规则。虽然基于正交最小二乘的输入空间划分结果也会使得最终的隶属度函数会存在高度相似性（见图 12-1（d）），但是它提取的"关键点"却是训练集中的部分原始样本点，其不易受噪声影响。

（5）基于支持向量机的输入空间划分有点类似于基于正交最小二乘的划分，如图 12-1（e）所示。支持向量机提取的支持向量是训练数据集中能提供决策信息的关键样本点，与正交最小二乘法不同的是[16]：（1）正交最小二乘法采用了前馈网络结构和梯度下降法策略，使得它容易陷入局部最优，而支持向量机具有全局最优的特点；（2）正交最小二乘法试图减少经验风险（经验风险即为训练样本错误率），但支持向量学习是试图减少结构风险的（结构风险是使经验风险最小，同时还应尽量缩小置信区间）。因此，支持向量机具有鲁棒性强、全局逼近能力和更好的泛化能力。该项技术提取的模糊规则个数等于支持向量的个数，且模糊规则前件部分参数可由支持向量得到，比如高斯隶属度函数的中心。

12.3　本篇主要工作

与前三篇不同，本篇工作主要集中在基于数据驱动的三域模糊控制器设计方法上。首先把三域模糊控制器看成一个非线性映射器，并且证明了它具有万能逼近性能。在此基础上，分别应用了聚类算法、支持向量机算法来提取三域模糊控制规则，从而实现了基于数据驱动的三域模糊控制器设计。

第 13 章从数学上推导出三域模糊控制器是一个非线性映射器；给出了空间模糊基函数的概念，在此概念的基础上，得到三域模糊控制器的三层网络结构；应用 Stone-Weierstrass 定理证明了三域模糊控制器具有万能逼近性。

第 14 章介绍了一种基于最近邻域聚类与支持向量回归机的三域模糊控制器设计方法。该方法，采用最近邻域聚类算法进行初始结构的学习，再对初始结构简化；对于简化后的结构，再运用支持向量回归机进行后件集参数的学习。

第 15 章给出了基于支持向量回归机的三域模糊控制器设计方法。该方法，通过建立支持向量回归机与三域模糊控制器的等价关系，仅采用一个支持向量回归机便可实现三域模糊控制器的优化结构及参数学习。

第13章 三域模糊控制器作为非线性映射器

基于数据驱动的三域模糊控制器设计，是从隐含有控制规律的时空耦合的输入输出数据中提取控制规则，从而构建三域模糊控制器的方法[20][21][22]。换言之，三域模糊控制器应该能够具备逼近一个未知的非线性控制函数的能力。在本章，首先在假设一个三域模糊控制器的所有组件全部已知的前提下，可以推导得到这个三域模糊控制器的数学表达形式。从数学的角度来看，三域模糊控制器是一个非线性映射器，并且具有万能逼近能力[20]。

13.1 三域模糊控制器是一个非线性映射器

假设一个单控制源空间分布系统的整个空间区域为 $Z = \{z_1, \cdots, z_p\}$。该区域的空间输入矢量为 $x_z = [x_1(Z), \cdots, x_J(Z)] \in X \in IR^{p \times J}$，其中 $x_m(Z) \in IR^p$（$m = 1, 2, \cdots, J$）是第 m 个输入变量，p 为传感器个数；$x_m(z_j)$ 为空间输入变量 $x_m(Z)$ 在测量点 z_j 上的输入；$\overline{C}_m^l$（$j = 1, 2, \cdots, J$）为对应于空间输入变量 $x_m(Z)$ 的三域模糊集。若三域模糊控制器采用如下形式的三域模糊规则，即

$$\overline{R}^l: \text{if} \quad x_1(Z) \text{ is } \overline{C}_1^l \text{ and } \cdots \text{ and } x_J(Z) \text{ is } \overline{C}_J^l \quad (13\text{-}1)$$
$$\text{then } u \text{ is } B^l$$

其中，$\overline{R}^l$ 表示第 l 条三域模糊规则，$l = 1, 2, \cdots, N$；$u \in U \subset IR$ 为控制行为；B^l 为传统的单值化模糊集，即当 $u = u^l$ 时，隶属度为 1，当 $u \neq u^l$ 时，隶属度为 0。

当 $\overline{C}_m^l$（$j = 1, 2, \cdots, J$）选取 3D 高斯隶属度函数时，则第 m 个空间输入 $x_m(Z)$ 的隶属度函数可以表示为下式，即

$$\mu_{G_m^l} = \exp\left(-\left((x_m(Z) - c_m^l(Z))/\sigma_m^l(Z)\right)^2\right) \tag{13-2}$$

其中，$c_m^l(Z) = (c_m^l(z_1), \cdots, c_m^l(z_p))'$ 与 $\sigma_i^l(Z) = (\sigma_i^l(z_1), \cdots, \sigma_i^l(z_p))'$ 分别为第 l 条规则中三域模糊集 $\overline{C}_m^l$ 的中心与宽度，$c_i^l(z_j) = c_{ij}^l$ 与 $\sigma_i^l(z_j) = \sigma_{ij}^l$ 分别为 $\overline{C}_m^l$ 在空间位置 z_j 处的中心与宽度。

那么 $x_m(Z)$ 在空间位置 z_j 处的隶属度函数可表示为

$$\mu_{Gij} = \exp\left(-\left((x_i(z_j) - c_{ij}^l)/\sigma_{ij}^l\right)^2\right) \tag{13-3}$$

经过三域模糊化操作，一个空间输入矢量 $\boldsymbol{x}_z$ 将转换成一个空间模糊输入 $\overline{A}_X$，即

$$\begin{aligned}
\overline{A}_X &= \sum_{z \in Z} \sum_{x_1(z) \in X_1} \cdots \sum_{x_J(z) \in X_J} \mu_{\overline{A}_X}(x_1(z), \cdots, x_J(z), z) / (x_1(z), \cdots, x_J(z), z) \\
&= \sum_{z \in Z} \sum_{x_1(z) \in X_1} \cdots \sum_{x_J(z) \in X_J} \mu_{X_1}(x_1(z), z) * \cdots * \mu_{X_J}(x_J(z), z) / (x_1(z), \cdots, x_J(z), z)
\end{aligned} \tag{13-4}$$

其中，$*$ 为 t-泛数操作。

对于每条激发的模糊规则 $\overline{R}^l$，均有如下模糊关系，即

$$\overline{R}^l : \overline{C}_1^l \times \cdots \times \overline{C}_J^l \to B^l, \quad l = 1, 2, \cdots, N.$$

三域模糊推理机包含了三个操作。首先进行空间信息融合的操作，于是得到一个空间分布集合 W^l，其具有如下表示，即

$$\begin{aligned}
\mu_{W^l}(Z) &= \mu_{\overline{A}_X \circ (\overline{C}_1^l \times \cdots \times \overline{C}_J^l)}(\boldsymbol{x}_z, Z) \\
&= \sup_{x_1(Z) \in X_1, \cdots, x_J(Z) \in X_J} [\mu_{\overline{A}_X}(\boldsymbol{x}_z, Z) * \mu_{\overline{C}_1^l \times \cdots \times \overline{C}_J^l}(\boldsymbol{x}_z, Z)] \\
&= \left\{\sup_{x_1(Z) \in X_1} [\mu_{X_1}(\boldsymbol{x}_1(Z), Z) * \mu_{\overline{C}_1^l}(\boldsymbol{x}_1(Z), Z)]\right\} * \cdots * \\
&\quad \left\{\sup_{x_J(Z) \in X_J} [\mu_{X_J}(\boldsymbol{x}_J(Z), Z) * \mu_{\overline{C}_J^l}(\boldsymbol{x}_J(Z), Z)]\right\} \\
&= \prod_{i=1}^{J} \exp\left(-\left((x_i(Z) - c_i^l(Z))/\sigma_i^l(Z)\right)^2\right)
\end{aligned} \tag{13-5}$$

在这里，采用了乘积型 t-泛数。

然后，再进行降维操作，如采用加权综合法，便得到一个 2D 集合 χ^l，其具有如下表示，即

$$\begin{aligned}\mu_{\chi^l} &= a_1\mu_{W^l}(z_1) + a_2\mu_{W^l}(z_2) + \cdots + a_p\mu_{W^l}(z_p) \\ &= \sum_{j=1}^{p} a_j \prod_{i=1}^{J} \exp\left(-\left((x_i(z_j) - c_{ij}^l)/\sigma_{ij}^l\right)^2\right)\end{aligned} \quad (13\text{-}6)$$

其中，a_j 为第 j 个空间位置的空间权重。

为了操作简单，针对高斯型 3D 隶属度函数，在每个空间位置点上，采用相同的宽度，即 $\sigma_{1j}^l = \sigma_{2j}^l = \cdots = \sigma_{Jj}^l = \sigma_j$，于是可以得到

$$\begin{aligned}\mu_{\chi^l} &= \sum_{j=1}^{p} a_j \prod_{i=1}^{J} \exp\left(-\left((x_i(z_j) - c_{ij}^l)/\sigma_j\right)^2\right) \\ &= \sum_{j=1}^{p} a_j \exp\left(-\left(\|x(z_j) - c^l(z_j)\|^2/\sigma_j^2\right)\right)\end{aligned} \quad (13\text{-}7)$$

最后，应用传统推理操作，并且执行线性解模糊化操作，最后得到了三域模糊控制器的非线性表达式，即

$$\begin{aligned}u(x_z) &= \sum_{l=1}^{N} u^l \sum_{j=1}^{p} a_j \prod_{i=1}^{J} \mu_{\tilde{C}_i^l}(x_i(z_j)) \\ &= \sum_{l=1}^{N} u^l \sum_{j=1}^{p} a_j \prod_{i=1}^{J} \exp\left(-\left((x_i(z_j) - c_{ij}^l)/\sigma_j\right)^2\right) \\ &= \sum_{l=1}^{N} u^l \sum_{j=1}^{p} a_j \exp\left(-\left(\|x(z_j) - c^l(z_j)\|^2/\sigma_j^2\right)\right)\end{aligned} \quad (13\text{-}8)$$

公式（13-8）表明三域模糊控制器是一个从输入空间 $x_z \in X \in IR^{p \times J}$ 到输出空间 $u(x_z) \in U \in IR$ 非线性映射。

13.2 空间模糊基函数及三域模糊控制器的三层网络结构

在式（13-8）中，若令

第13章 三域模糊控制器作为非线性映射器

$$\Psi^l(x_z) = \sum_{j=1}^{p} a_j \prod_{m=1}^{J} \mu_{\bar{C}_m^l}(x_m(z_j)) \tag{13-9}$$

则式（13-8）可以写成

$$u(x_z) = \sum_{l=1}^{N} u^l \Psi^l(x_z) \tag{13-10}$$

定义 $\Psi^l(x_z)$ 为空间模糊基函数[20]，每一个模糊基函数对应一条三域模糊规则，则所有的模糊基函数对应一个三域模糊规则库。从式（13-10）上可看出每个三域模糊控制器都是所有线性模糊基函数的集合。若令

$$\varphi^l(x(z_j)) = \prod_{m=1}^{J} \mu_{\bar{C}_m^l}(x_m(z_j)) \tag{13-11}$$

则可得

$$\Psi^l(x_z) = \sum_{j=1}^{p} a_j \varphi^l(x(z_j)) \tag{13-12}$$

从公式（13-12）可以看出：对应于每个测量位置，都存在一个传统的模糊基函数；而在整个空间域，多个传统模糊基函数 $\varphi^l(x(z_j))$ 通过权值 $a_1, \cdots a_p$ 合成了一个空间模糊基函数 $\Psi^l(x_z)$。所有的空间信息表达、处理及模糊语言表示与规则推理全部集成到空间模糊基函数中（参见图13-1）。因此，将 $\Psi^l(x_z)$ 称之为"空间"模糊基函数[20]。与传统模糊基函数相比，空间模糊基函数具有了表征与处理空间信息的能力。

运用空间模糊基函数的概念，三域模糊控制器可以表示为一个三层网络结构，如图13-1所示。图13-1中的 b_0 是一个增加到三域模糊控制器的偏置项。在实际中，可以通过增加一条如下所示的模糊规则来实现偏置项 b_0，即

$$\bar{R}^0: \text{If } x_1(z) \text{ is } \bar{C}_1^0 \text{ and}\cdots\text{and } x_J(z) \text{ is } \bar{C}_J^0 \text{ Then } u \text{ is } b_0$$

其中 $\bar{C}_i^0$ 是一个通用模糊集合，即对于任意空间输入 $x_i(z)$（$i=1,\cdots,J$）的模糊隶属度在空间域上均为0。

图13-1中，第一层：清晰空间输入 $x_z = (x_1(Z),\cdots,x_J(Z))$；第二层：空间模糊基函数 $\Psi_1(x_z),\cdots,\Psi_N(x_z)$；第三层：输出 $u = \sum_{l=1}^{N} u^l \Psi_l(x_z) + b_0$。

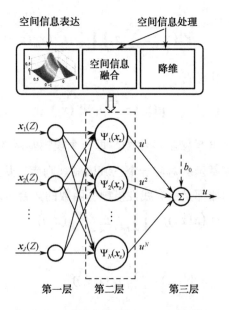

图 13-1 三域模糊控制器的三层网络结构

13.3 三域模糊控制器的万能逼近性

本节将应用 Stone-Weierstrass 定理[23]来证明形如式（13-8）的三域模糊控制器是万能逼近器。

定理 13.1[20] 函数 $g(x_z): IR^{p \times J} \to IR$ 是定义在输入论域 X 上的未知实连续函数，X 是 $IR^{p \times J}$ 上的一个紧致集，则对任意的 $\varepsilon > 0$，一定存在形如式（13-8）的空间模糊控制器 $u(x_z)$ 使得下式成立，即

$$\sup_{x_z \in \Omega} \left(|u(x_z) - g(x_z)| \right) < \varepsilon$$

令 Θ 为定义在 X 上的三域模糊控制器集合，其是 $IR^{p \times J}$ 上的紧集。首先给出下面的引理 13.1。

引理 13.1 令 $d_\infty(u, g)$ 为半度量[16]，其具有如下定义，即

$$d_\infty(u,g) = \sup_{x_z \in \Omega}\left(|u(x_z) - g(x_z)|\right)$$

因此，(Θ, d_∞) 是一个度量空间。由于在三域模糊控制器的规则库中至少有一条规则，因此 Θ 是非空的，并且 (Θ, d_∞) 是严格定义的。

紧接着，将应用 Stone-Weierstrass 定理证明度量空间 (Θ, d_∞) 在 $(C[X], d_\infty)$ 上是稠密的，其中 $C[X]$ 是定义在紧致集 X 上的实连续函数的集合。Stone-Weierstrass 定理表述如下。

Stone-Weierstrass 定理[23] 令 Z 是紧致集 U 上一个实连续函数的集合，如果 ① Z 是代数，即集合在加、乘积和标量积下是闭集合；② Z 分离了 U 上的点，即对于任意 $x, y \in U, x \neq y$，存在 $f \in Z$ 使 $f(x) \neq f(y)$ 成立；③ Z 使 U 中的点不为零，即对于任意 $x \in U$，存在 $f \in Z$ 使 $f(x) \neq 0$，则对 U 上的任意实连续函数 $g(x)$ 和任意 $\varepsilon > 0$，都存在 $f \in Z$ 使 $\sup_{x \in U}(|f(x) - g(x)|) < \varepsilon$ 成立；那么定义在 U 上的实连续函数的集合 Z 是一致封闭的，即 (Z, d_∞) 在 $(C[U], d_\infty)$ 上是稠密的。

证明：

a）首先，证明 (Θ, d_∞) 是代数。令 $u_1(x_z), u_2(x_z) \in \Theta$，则其表达式为

$$u_1(x_z) = \sum_{l=1}^{N_1} u_1^l \sum_{j=1}^{p_1} \tilde{a}_j \exp\left(-\|x(z_j) - \tilde{x}^l(z_j)\|^2 / \tilde{\sigma}_j^2\right) + b_1$$

$$u_2(x_z) = \sum_{l=1}^{N_2} u_2^l \sum_{j=1}^{p_2} \underline{a}_j \exp\left(-\|x(z_j) - \underline{x}^l(z_j)\|^2 / \underline{\sigma}_j^2\right) + b_2$$

紧接着，有下列三方面详细的推导过程。

i）加法

$$\begin{aligned}&u_1(x_z) + u_2(x_z) \\&= \sum_{l=1}^{N_1+N_2} \bar{u}^l \sum_{j=1}^{p_1+p_2} \bar{a}_j \exp\left(-\|x(z_j) - \bar{x}^l(z_j)\|^2 / \bar{\sigma}_j^2\right) + (b_1 + b_2)\end{aligned} \quad (13\text{-}13)$$

其中，当 $l = 1, \cdots, N_1$ 且 $j = 1, \cdots, p_1$ 时，$\bar{u}^l = u_1^l, \bar{a}_j = \tilde{a}_j, \bar{x}^l(z_j) = \tilde{x}^l(z_j)$，$\bar{\sigma}_j = \tilde{\sigma}_j$；当 $l = 1, \cdots, N_2$ 且 $j = 1, \cdots, p_2$ 时，$\bar{u}^l = u_2^l, \bar{a}_j = \underline{a}_j, \bar{x}^l(z_j) = \underline{x}^l(z_j)$，$\bar{\sigma}_j = \underline{\sigma}_j$。

显然，式（13-13）与式（13-8）具有相同的形式，那么 $u_1(x_z) + u_2(x_z) \in \Theta$。

ii）乘法

$$u_1(x_z)u_2(x_z) = \sum_{l_1=1}^{N_1}\sum_{l_2=1}^{N_2} u_1^{l_1} u_2^{l_2} \sum_{j_1=1}^{P_1}\sum_{j_2=1}^{P_2} \vec{a}_{j_1} a_{j_2} \exp\left(-\frac{\left\|x(z_{j_1})-\vec{x}^{l_1}(z_{j_1})\right\|^2 \vec{\sigma}_{j_2}^2 + \left\|x(z_{j_2})-x^{l_2}(z_{j_2})\right\|^2 \vec{\sigma}_{j_1}^2}{\vec{\sigma}_{j_1}^2 \vec{\sigma}_{j_2}^2}\right)$$

$$+ \sum_{l=1}^{N_1} b_2 u_1^l \sum_{j=1}^{P_1} \vec{a}_j \exp\left(-\frac{\left\|x(z_j)-\vec{x}^l(z_j)\right\|^2}{\vec{\sigma}_j^2}\right)$$

$$+ \sum_{l=1}^{N_2} b_1 u_2^l \sum_{j=1}^{P_2} a_j \exp\left(-\frac{\left\|x(z_j)-x^l(z_j)\right\|^2}{\sigma_j^2}\right) + b_1 b_2$$

（13-14）

由代数理论可知，高斯函数相乘以后仍然是高斯函数，因此，式（13-14）与式（13-8）具有相同的形式，那么 $u_1(x_z)u_2(x_z) \in \Theta$。

iii）数乘

对任意的 $c \in IR$，有

$$cu_1(x_z) = \sum_{l=1}^{N_1} cu_1^l \sum_{j=1}^{P_1} \vec{a}_j \exp\left(-\frac{\left\|x(z_j)-\vec{x}^l(z_j)\right\|^2}{\vec{\sigma}_j^2}\right) + cb_1 \quad (13\text{-}15)$$

式（13-15）与式（13-8）具有相同表达形式，那么 $cu_1(x_z) \in \Theta$。

最后，综合 i）～iii）的结果，可以证明 (Θ, d_∞) 是代数。

b）接下来，通过构造一个简单的形如式（13-8）的空间模糊控制器 $u(x_z)$ 来证明 (Θ, d_∞) 能分离 X 上的点，即 $u(x_z) \in \Theta$，对任意给定的 $x_z^0, y_z^0 \in X$ 且 $x_z^0 \neq y_z^0$，使得不等式 $u(x_z^0) \neq u(y_z^0)$ 成立。选择空间模糊规则总数为 $N = 2$，令 $x_z^0 = \left(x_1^0(z_1),\cdots,x_1^0(z_p)\right)^T,\cdots,(x_s^0(z_1),\cdots,x_s^0(z_p))^T$；$y_z^0 = \left(y_1^0(z_1),\cdots,y_1^0(z_p)\right)^T,\cdots,$ $(y_s^0(z_1),\cdots,y_s^0(z_p))^T$ 且 $a_j^1 = a_j^2 = 1, \sigma_j^1 = \sigma_j^2 = 1, x_z^1 = x_z^0, x_z^2 = y_z^0 \ (j=1,\ldots,p)$。由此可得下式，即

$$u(x_z^0) = pu^1 + u^2 \sum_{j=1}^{p} \exp\left(-\left\|x^0(z_j)-y^0(z_j)\right\|^2\right) + b$$

$$u(y_z^0) = u^1 \sum_{j=1}^{p} \exp\left(-\left\|y^0(z_j) - x^0(z_j)\right\|^2\right) + pu^2 + b$$

因为 $x_z^0 \neq y_z^0$，那么必然存在某个 i 和 j 使得 $x_i^0(z_j) \neq y_i^0(z_j)$。因此，必然有 $\exp\left(-\left\|x^0(z_j) - y^0(z_j)\right\|^2\right) \neq 1$。对任意的 j，又有 $\exp\left(-\left\|x^0(z_j) - y^0(z_j)\right\|^2\right) \leq 1$，所以 $\sum_{j=1}^{p} \exp\left(-\left\|y^0(z_j) - x^0(z_j)\right\|^2\right) \neq p$。如果选择 $u^1 = 0$ 且 $u^2 = 1$，那么

$$u(x_z^0) = \sum_{j=1}^{p} \exp\left(-\left\|x^0(z_j) - y^0(z_j)\right\|^2\right) + b \neq p + b = u(y_z^0)$$

因此，(Θ, d_∞) 能够分离 X 上的点。

c）最后，证明 (Θ, d_∞) 使得 X 中的点不为零。显然对任意形如式（13-8）的三域模糊控制器 $u(x_z)$，当选择所有 $u^l \geq 0 (l = 1, \cdots, N)$ 且 $b > 0$ 时，对任意 $x_z \in X$，有下式成立，即

$$u(x_z) = \sum_{l=1}^{N} u^l \sum_{j=1}^{p} a_j \exp\left(-\frac{\left\|x(z_j) - x^l(z_j)\right\|^2}{\sigma_j^2}\right) + b \geq 0 + b > 0$$

其中，$a_j > 0, l = 1, \ldots, N, j = 1, \ldots, p$。故 (Θ, d_∞) 能使得 X 中的点不为零。

综合上面的 a) 到 c) 的结果，得到定理 13.1 的结论，证明完毕。

第14章 基于最近邻域聚类与支持向量回归机的三域模糊控制器设计

最近邻域聚类很早就应用到传统模糊控制器的设计中去,然而目前已有的最近邻聚类算法均没有处理时空耦合数据的能力。本章扩展了该算法,使其能够处理时空耦合数据。在本章,主要运用最近邻域聚类算法与支持向量回归机(SVR)算法来学习隐含有控制规律的时空耦合输入输出数据,提取控制规律,将其表示成三域模糊控制规则形式[22]。

14.1 设计框架

将最近邻域聚类与 SVR 两种方法用于三域模糊控制器的设计,原理如图 14-1 所示[22]。首先,以 Frobenius 泛数作为距离的最近邻域聚类从时空耦合的数据集 S 中挖掘隐含的知识产生了初始结构,即三域模糊规则的前件。得到的输入空间划分会由于隶属函数高度覆盖而产生冗余,因此需要对初始的模糊划分进行优化。然后,采用相似性测量技术融合相似的三域模糊集合,进而融合相似的三域模糊规则,实现对初始结构的简化。最后,根据线性 SVR 与三域模糊控制器的数学等价关系,将线性 SVR 用于规则后件参数的学习。

从空间分布系统采集到的时空耦合数据集 S 由 n 个时空耦合输入输出数据对构成的,其表示如下,即

$$S = \left\{ (x_{z,k}, u_k) \mid x_{z,k} \in IR^{p \times J}, u_k \in IR, k=1,\cdots,n \right\} \quad (14\text{-}1)$$

第14章 基于最近邻域聚类与支持向量回归机的三域模糊控制器设计

其中，$x_{z,k}=(x_1(z,k),x_2(z,k),\cdots,x_J(z,k))$，$x_i(z,k)=(x_i(z_1,k),\ x_i(z_2,k),\cdots,x_i(z_p,k))'$，$x_i(z_j,k)$ 表示在第 k 个采样周期第 i 个空间输入变量在第 j 个空间位置的值；u_k 为第 k 个采样周期的输出值；n 为采样周期；p 为传感器数目。由于在实际中采用有限数目传感器，因此 $x_{z,k}$ 是一个 p 行 J 列的矩阵。

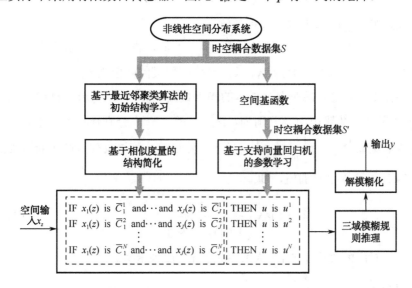

图 14-1 基于最近邻域聚类与 SVR 的三域模糊控制器设计结构框图

14.2 结构学习

14.2.1 基于最近邻域聚类的初始结构学习

1. 最近邻聚类算法

聚类方法是一种无监督的机器学习算法。它能够挖掘出隐含在数据中的知识（或者数据结构），而这些知识人们很难通过人工方式辨识出。最近邻聚类[6]是一种最简单的聚类算法。然而，目前已有的最近邻聚类算法均没有处理时空耦合数据的能力。因此，本章扩展了最近邻聚类算法，使其具备了处理时空耦合数据的能力。本章将式（14-2）定义的 Frobenius 泛数引入到最近邻聚类算法中作为其距离。

$$\|X\|_F = \sqrt{tr(X^T X)} \quad (X \in R^{p \times s}) \qquad (14\text{-}2)$$

最近邻聚类算法归结为下列四步计算。

步骤 1：从第一个样本的输入数据 $x_{z,1}$ 开始，设第一个聚类中心 $c_z^1 = x_{z,1}$，并令此聚类中样本的个数为 $m_1 = 1$，产生新聚类的阈值为 ρ_0。

步骤 2：假定考虑第 k 个样本的输入数据 $x_{z,k}(k=2,\cdots,n)$，此时，已经存在 N 个聚类，其聚类中心分别为 $c_z^1, c_z^2, \cdots, c_z^N$。首先分别计算 $x_{z,k}$ 到这 N 个聚类中心的距离 $\|x_{z,k} - c_z^l\|_F (l=1,\dots,N)$，然后将计算结果代入产生新聚类的判据（14-3），计算出 ρ 的值，即

$$\lambda = \max_{l=1,\dots,N}\left(\frac{1}{1+\|x_{z,k} - c_z^l\|_F}\right) \qquad (14\text{-}3)$$

此时，ρ 对应的聚类中心 $c_z^{l_k}$ 为 $x_{z,k}$ 的最近邻原则聚类。

步骤 3：

（a）若 $\rho < \rho_0$，则把 $x_{z,k}$ 作为一个新的聚类中心，令 $N = N+1$，且有 $m_N = 1$ 和 $c_z^N = x_{z,k}$。

（b）若 $\rho \geq \rho_0$，则把 $x_{z,k}$ 归为 $c_z^{l_k}$ 这个聚类，引入学习率 $\eta = \eta_0 / (m_{l_k} + 1)$ ($\eta_0 \in [0,1]$) 按下式来调节第 l_k 聚类的中心，即

$$c_z^{l_k} = c_z^{l_k} + \eta(x_{z,k} - c_z^{l_k}) \qquad (14\text{-}4)$$

并令 $m_{l_k} = m_{l_k} + 1$。

步骤 4：令 $k = k+1$。如果 $k \geq n+1$，退出；否则，返回到步骤 2。

2．规则提取和 3D 隶属度函数构造

经模糊聚类之后，可以得到输入空间的一种模糊划分以及聚类中心 $c_z^1, c_z^2, \dots, c_z^N$，其中 N 为聚类的总个数。将一个聚类对应到一条模糊规则，聚

类中心对应到规则前件高斯型空间隶属度函数的中心,并令在同一空间位置点 $z=z_j$ 上高斯隶属度函数的宽度都相同,该宽度由式(14-5)来计算,即

$$\sigma(z_j) \approx \max_{1 \leq i \leq J}\left(\frac{x_i^{\max}(z_j) - x_i^{\min}(z_j)}{10}\right) \quad (14\text{-}5)$$

其中,$x_i^{\max}(z_j)$ 和 $x_i^{\min}(z_j)$ 分别为样本训练集 S 中第 i 个空间输入变量在空间位置点 $z=z_j$ 上的最大和最小边界值。类似地,规则后件传统高斯型隶属度函数的宽度可由下式计算,即

$$\sigma_B \approx \frac{\max(u) - \min(u)}{10} \quad (14\text{-}6)$$

其中,$\max(u)$ 和 $\min(u)$ 分别为样本训练集 S 中输出值的最大和最小边界值。

因此,经规则提取和隶属度函数的构造,便可得到一个不包含模糊规则后件的不完整初始规则库。

14.2.2 结构简化

以上得到的不完整的初始规则库,可能会因某些隶属度函数的高度重合而出现冗余的模糊集或规则,所以有必要简化初始规则库。在本节的目标是实现对模糊划分及模糊规则的简化。基于模糊集的相似度量[11][24][25]为优化规则库算法提供了有效的关键技术。以往的相似度量是针对传统模糊集合与传统模糊规则而设计的,其并不适用于三域模糊集合与三域模糊规则。为此,需要定义一种新型相似度量。

1. 相似度量

假设 $\overline{A}$ 和 $\overline{B}$ 是两个三域模糊集,则它们的相似度可定义为

$$\overline{S}(\overline{A}, \overline{B}) = \frac{1}{1 + d(\overline{A}, \overline{B})} \quad \overline{S}(\cdot) \in (0,1] \quad (14\text{-}7)$$

其中,$d(\overline{A}, \overline{B})$ 为三域模糊集 $\overline{A}$ 与 $\overline{B}$ 之间的距离。当选择高斯隶属度函数时,可用下式来近似它们之间的距离,即

$$d(\bar{A},\bar{B})=\left\|\begin{bmatrix} c_{\bar{A}(z_1)} & \sigma_{\bar{A}(z_1)} \\ \vdots & \vdots \\ c_{\bar{A}(z_p)} & \sigma_{\bar{A}(z_p)} \end{bmatrix} - \begin{bmatrix} c_{\bar{B}(z_1)} & \sigma_{\bar{B}(z_1)} \\ \vdots & \vdots \\ c_{\bar{B}(z_p)} & \sigma_{\bar{B}(z_p)} \end{bmatrix}\right\|_F \quad (14\text{-}8)$$

其中，$c_{\bar{A}(z_j)}(c_{\bar{B}(z_j)})$ 和 $\sigma_{\bar{A}(z_j)}(\sigma_{\bar{B}(z_j)})$ 分别是三域模糊集在空间位置点 $z=z_j$ 上高斯隶属度函数的中心和宽度，$j=1,\cdots,p$；$\|\cdot\|_F$ 为 Frobenius 范数。

采用相似度量，可以合并相似的三域模糊集合及相似的三域模糊规则。

（1）合并两个相似的三域模糊集 $\bar{A}$ 和 $\bar{B}$

首先根据式（14-7）计算三域模糊集 $\bar{A}$ 和 $\bar{B}$ 的相似性。如果 $\bar{S}(\bar{A},\bar{B})$ 高于某个阈值，可以判定 $\bar{A}$ 和 $\bar{B}$ 是相似的，可将它们合并成为一个新的三域模糊集 $\bar{C}$。$\bar{C}$ 的中心及宽度可以看成是 $\bar{A}$ 和 $\bar{B}$ 的平均值，由下式给出，即

$$\begin{cases} c_{\bar{C}(z_j)}=(c_{\bar{A}(z_j)}+c_{\bar{B}(z_j)})/2 \\ \sigma_{\bar{C}(z_j)}=(\sigma_{\bar{A}(z_j)}+\sigma_{\bar{B}(z_j)})/2 \end{cases}$$

（2）合并两个相似的三域模糊规则 $\bar{R}^{l_1}$ 和 $\bar{R}^{l_2}$

通过测量规则前件集的相似性，可以得到 $\bar{R}^{l_1}$ 和 $\bar{R}^{l_2}$ 的相似性。例如，$\bar{R}^{l_1}$ 和 $\bar{R}^{l_2}$ 的相似性可由式（14-9）计算。

$$\bar{S}_{rule}(\bar{R}^{l_1},\bar{R}^{l_2})=\min_{1\le i\le J}\left\{\bar{S}(\bar{C}_i^{l_1},\bar{C}_i^{l_2})\right\} \quad (14\text{-}9)$$

其中 $\bar{R}^{l_1}$ 和 $\bar{R}^{l_2}$ 与式（14-1）具有相同的形式，$\bar{C}_i^{l_1}$（$\bar{C}_i^{l_2}$）为第 l_1（l_2）条规则第 i 个空间输入变量 $x_i(z)$ 的三域模糊集。如果 $\bar{S}_{rule}(\bar{R}^{l_1},\bar{R}^{l_2})$ 高于某个阈值，可以判定 $\bar{R}^{l_1}$ 和 $\bar{R}^{l_2}$ 是相似的，可将它们合并成为一个新的三域模糊规则 $\bar{R}^{l_{12}}$。可以通过分别合并两条三域模糊规则的每个空间输入变量的两个模糊集合来实现两条三域模糊规则的合并。

2. 基于相似度量的结构简化

基于相似度量，简化任务包括移除与全局模糊集相似的三域模糊集合、合并相似的三域模糊集合、合并相似的三域模糊规则，详细的结构简化步骤如下。

步骤1：给定三域模糊规则库 $\bar{\mathfrak{R}}=\{\bar{R}^l\}_{l=1}^N$。首先选择合适阈值：$\lambda_u\in(0,1]$ 为移除相似于全局三域模糊集 X 的阈值；$\lambda_{set}\in(0,1]$ 为合并相似三域模糊集

的阈值；$\lambda_{rule} \in (0,1]$ 为合并相似模糊规则的阈值。

步骤 2：计算 $s_{jki} = \overline{S}(\overline{C}_i^j, \overline{C}_i^k)$，$j \neq k$，$j = 1, \cdots, K$，$k = 1, \cdots, K$，$i = 1, \cdots, J$。令 $s_{rmq} = \max\limits_{j \neq k} \{s_{jki}\}$，并选择 $\overline{C}_q^r$ 和 $\overline{C}_q^m$。

步骤 3：如果 $s_{rmq} \geq \lambda_{set}$，合并 $\overline{C}_q^r$ 和 $\overline{C}_q^m$ 从而构造一个新的三域模糊集 $\overline{C}_q^{rm}$，且令 $\overline{C}_q^m = \overline{C}_q^{rm}$。返回步骤 2，直到不再有 $s_{rmq} \geq \lambda_{set}$ 成立为止。

步骤 4：移除满足 $\overline{S}(\overline{C}_i^l, X) \geq \lambda_u$ 的三域模糊集，其中 $i = 1, \cdots, J, l = 1, \cdots, N$。

步骤 5：计算模糊规则之间的相似度 $s_{l_1 l_2} = \overline{S}_{rule}(\overline{R}^{l_1}, \overline{R}^{l_2}), l_1 = 1, \cdots, N$，$l_2 = l_1 + 1, \cdots, N$，令 $s_{rm} = \max\limits_{l_1 \neq l_2} \{s_{l_1 l_2}\}$。

步骤 6：如果 $s_{rm} \geq \lambda_{rule}$，合并第 r 条和第 m 条模糊规则继而生成一条新的模糊规则来取代它们，且令 $N = N - 1$，返回步骤 5。如果不再有模糊规则之间的相似度大于给定的阈值（即 $s_{rm} \geq \lambda_{rule}$（$r \neq m$）），就退出。

通常，λ_u 是三个阈值中最大的，为区间 $(\lambda_{set}, 1]$ 上一个很大的值。此处，选择 $\lambda_{set} = 0.6 \sim 0.9$。而 λ_{rule} 的选择可依据应用实例的需求，本节中均令 $\lambda_{rule} = 1$。显然，λ_{set} 越小，那么规则库中三域模糊集的个数会越少，模糊规则可能也会随之减少，特别是在 λ_{rule} 取 $(0,1)$ 上一个较小数时。

14.3 参数学习

简化结构之后，可以得到一个具有优化前件集的规则库。完整的三域模糊规则库还需要有相应的规则后件集。在本节，采用 SVR 算法[26]来学习三域模糊控制器的后件集参数 ξ^l（高斯隶属度函数的中心）。

首先，将原始输入数据转换成新的数据。利用空间模糊基函数 $\Psi(x_z^k)$，将原始训练集 S 中每个样本的输入数据 $x_{z,k}(k=1,\cdots,n)$ 转换为 N 维特征向量

$\Psi(x_{z,k}) = \left(\Psi^1(x_{z,k}), \Psi^2(x_{z,k}), \cdots, \Psi^N(x_{z,k})\right)$。将空间模糊基函数的计算结果 $\Psi(x_{z,k}) \in IR^N$ 作为线性 SVR 学习的输入，那么原始的训练集 S 将变成一个新的训练集 S'，即

$$S' = \left\{(\Psi(x_{z,k}), u_k) \mid \Psi(x_{z,k}) \in IR^N, u_k \in IR, k=1,\cdots,n\right\} \quad (14\text{-}10)$$

其次，基于训练集 S'，可以推导得到 SVR 与三域模糊控制器的一个等价关系式。由附件 1 中的式（F-11），可得如下线性 SVR 的决策函数，即

$$f(\Psi(x_z)) = \sum_{k=1}^{n} (\alpha_k - \alpha_k^*)(\Psi(x_{z,k}) \cdot \Psi(x_z)) + b \quad (14\text{-}11)$$

其中，α_k^* 和 α_k 是相关的学习参数。对应于非零的 $(\alpha_k^* - \alpha_k)$ 的训练数据 $\Psi(x_{z,k})$ 称为支持向量。式（14-11）可进一步表示为

$$\begin{aligned}
f(\Psi(x_z)) &= \sum_{k=1}^{n} (\alpha_k - \alpha_k^*) \sum_{l=1}^{N} \Psi^l(x_{z,k})\Psi^l(x_z) + b \\
&= \sum_{l=1}^{N} \left(\sum_{k=1}^{n} (\alpha_k - \alpha_k^*)\Psi^l(x_{z,k})\right) \Psi^l(x_z) + b \\
&= \sum_{l=1}^{N} u^l \Psi^l(x_z) + b \\
&= u(x_z)
\end{aligned} \quad (14\text{-}12)$$

上式中，三域模糊控制器中的偏置项 b，可以通过增加一条如下所示的模糊规则来实现，即

$$\bar{R}^0: \text{If } x_1(z) \text{ is } \bar{C}_1^0 \text{ and}\cdots\text{and } x_J(z) \text{ is } \bar{C}_J^0 \text{ Then } u \text{ is } b_0$$

其中 $\bar{C}_i^0$ 是一个全局模糊集合，即对于任意空间输入 $x_i(z)$（$i=1,\cdots,J$）的模糊隶属度在空间域上均为 0。

由式（14-12）可知，如果式（14-13）成立，上述的 SVR 与三域模糊控制器是等价的。

$$u^l = \sum_{k=1}^{n} (\alpha_k^* - \alpha_k)\Psi^l(x_{z,k}) \quad (14\text{-}13)$$

最后，将线性 SVR 用于学习后件集参数。使用式（14-13），可以得到后件集的参数 u^l（$l=1,\cdots,N$），即

$$u^l = \sum_{k \in SV} (\alpha_k^* - \alpha_k)\Psi^l(x_{z,k}) \quad (14\text{-}14)$$

14.4 仿真应用

以 2.2.1 节的填充床催化反应器为例。控制问题为通过调整夹套温度来控制催化剂的温度（如沿着反应器长度维持恒定的催化剂温度）从而维持理想的反应率。沿着反应器的长度方向安置了 5 个点式传感器来获取催化剂温度，其位置安装在 $z' = [0\ 0.25\ 0.5\ 0.75\ 1]$ 上。采用了非均匀的分布，热源的分布为 $b(z) = 1 - \cos(\pi z)$，催化剂温度的参考空间曲线为 $T_{sd}(z) = 0.42 - 0.2\cos(\pi z)$，$0 \leqslant z \leqslant 1$。

1. 收集时空耦合数据

首先在基于专家经验的三域模糊控制器控制下，从填充床催化反应器收集时空耦合的输入输出数据。这里，将具有最大长度为 124 的五层伪随机扰动信号（PRQS）作为扰动信号加入控制输入端。每个时空耦合的输入输出数据对由空间误差输入 $e^*(z) = [e_1^*, ..., e_5^*]^T$、空间误差变化量 $r^*(z) = [r_1^*, ..., r_5^*]^T$ 及增量式输出 Δu^* 构成，其中 $e_i^* = T_s(z_i, q) - T_{sd}(z_i)$，$r_i^* = e_i^*(q) - e_i^*(q-1)$；$q$ 与 $q-1$ 分别表示第 q 个与第 $q-1$ 个采样周期。基于专家经验的三域模糊控制器的详细设计，如三域模糊化、三域模糊规则推理及解模糊化，请查阅参考文献[1]。空间误差与空间误差变化量的输入量化因子与增量式输出的比例因子分别设置为 2.0、0.001 及 0.8716。PRQS 的参数选择如下：层数为 5，最大周期长度为 124，采样周期为 0.2 秒，及最小切换时间（时钟周期）为 0.2 秒。

通过添加具有不同增益的 PRQS 信号（0.447 与 0.1）到控制输入端，可得到两组各含 150 对输入-输出数据的仿真数据。首先由加入增益为 0.447 的 PRQS 扰动信号，产生第一组 150 对数据作为训练数据；然后由加入增益为 0.1 的 PRQS 扰动信号，产生第二组 150 对数据作为测试数据。采用式（14-15）所示的均方根误差（RMSE）评估性能，即

$$RMSE = \sqrt{\sum_{k=1}^{n}(\Delta u_k^* - \Delta u_k)^2 / n} \qquad (14\text{-}15)$$

其中，n 表示采样点数目，Δu_k^* 表示实际输入，Δu_k 表示期望输入。

2. 设计基于最近领域聚类与 SVR 的三域模糊控制器

基于最近领域聚类与 SVR 的三域模糊控制器的设计流程如下。

① 设置 $\rho_0 = 0.7$，$\eta_0 = 0$，应用最近邻聚类的算法划分训练集的输入空间，产生了 32 个三域模糊集合，生成了 16 条模糊规则。根据式（14-6），设置模糊规则前件中所有三域模糊集的高斯型空间隶属度函数的宽度均为 $\sigma_z = [0.0620, 0.0902, 0.1518, 0.2008, 0.2175]^T$。

② 根据相似性测量，设置 $\lambda_u = 0.95$，$\lambda_{set} = 0.75$，$\lambda_{rule} = 1$，简化三域模糊集合与三域模糊规则，产生了 15 个三域模糊集合，生成了 15 条模糊规则。图 14-2 给出了高斯型空间隶属度函数的分布。

③ 将 SVR 算法用于学习后件集参数，其中 $C = \{1, 10, 100, 1000\}$ 及 $\varepsilon = \{0.00001, 0.0001, 0.001, 0.01, 0.1, 0.2\}$。训练及测试时的 RMSE 参见表 14-1。由表 14-1，可以得出以下结果。

（1）较小 ε 能够产生较多支持向量，可导致比较合理的训练及测试性能。然而，较大 ε 产生较少支持向量，可导致比较差的训练及测试性能。

（2）一旦 ε 确定，C 对训练及测试性能影响较小。在此试验中，选取 $C = 100$ 及 $\varepsilon = 0.0001$。最后，构造出一个完整的 三域模糊控制器，其包含有 15 个三域模糊集合及 15 条模糊规则。采用语言限制法[11][24]，可用语句解释已生成的三域模糊规则。

例如，前三条规则可解释如下。

$\bar{R}^1$: IF $e^*(z)$ is *less than* POSITIVE SMALL and $r^*(z)$ is *more than* POSITIVE SMALL, THEN Δu^* is *sort of* POSITIVE MEDIUM.

$\bar{R}^2$: IF $e^*(z)$ is *very* ZERO and $r^*(z)$ is *very* NEGATIVE SMALL, THEN Δu^* is *very* ZERO.

$\bar{R}^3$: IF $e^*(z)$ is *sort of* POSITIVE SMALL and $r^*(z)$ is *more than* POSITIVE MEDIUM, THEN Δu^* is *more than* POSITIVE MEDIUM.

第14章 基于最近邻域聚类与支持向量回归机的三域模糊控制器设计

表 14-1 不同 C 与 ε 时 SVR 学习结果

C	ε	支持向量数目	训练集 RMSE ($\times 10^{-2}$)	测试集 RMSE ($\times 10^{-2}$)	SSE ($\times 10^{-2}$)	IAE ($\times 10^{-1}$)	ITAE ($\times 10^{-1}$)
1	0.00001	149	4.89	3.48	1.70	2.566	8.656
	0.0001	140	4.89	3.48	1.70	2.566	8.655
	0.001	129	4.86	3.45	1.71	2.573	8.699
	0.01	105	4.75	3.13	1.84	2.699	9.389
	0.1	13	6.35	3.24	1.99	2.901	10.163
	0.2	12	12.80	6.44	3.74	4.653	19.063
	0.3	10	19.29	7.76	4.77	5.715	24.248
10	0.00001	149	4.89	3.48	1.70	2.566	8.656
	0.0001	140	4.89	3.48	1.70	2.566	8.655
	0.001	129	4.86	3.45	1.71	2.573	8.699
	0.01	105	4.75	3.13	1.84	2.699	9.389
	0.1	13	6.35	3.24	1.99	2.901	10.163
	0.2	12	12.80	6.44	3.74	4.653	19.063
	0.3	10	19.29	7.76	4.77	5.715	24.248
100	0.00001	149	4.89	3.48	170	2.566	8.656
	0.0001	141	4.89	3.48	1.70	2.566	8.655
	0.001	129	4.86	3.45	1.71	2.573	8.699
	0.01	105	4.75	3.13	1.84	2.699	9.389
	0.1	13	6.35	3.24	1.99	2.901	10.163
	0.2	12	12.80	6.44	3.74	4.653	19.063
	0.3	10	19.29	7.76	4.77	5.715	24.248
1000	0.00001	149	4.89	3.48	170	2.566	8.656
	0.0001	141	4.89	3.48	1.70	2.566	8.655
	0.001	129	4.86	3.45	1.71	2.574	8.702
	0.01	106	4.75	3.13	1.84	2.700	9.395
	0.1	13	6.35	3.24	1.99	2.901	10.163
	0.2	12	12.80	6.44	3.74	4.653	19.063
	0.3	10	19.29	7.76	4.77	5.715	24.248

■融合空间信息的三域模糊控制器■

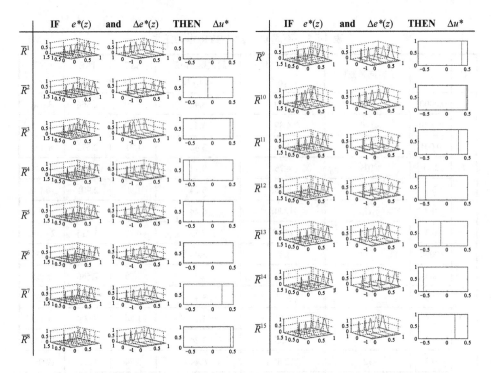

图 14-2 基于最近邻域聚类与 SVR 学习的三域模糊规则及其相关三域模糊规则

3. 控制性能验证

将基于最近领域聚类与 SVR 的三域模糊控制器用做填充床催化反应器的控制器，仿真时间设为 10 秒。选用 SSE、IAE 与 ITAE 作为性能指标，表 14-2 给出了相应的控制性能指标，图 14-3 与图 14-4 给出了控制曲线，其中（a）、（b）与（c）分别代表催化剂温度演化曲线、操纵输入及稳态时催化剂温度曲线。由表格及图形，可以看出本章所提出的基于数据驱动的三域模糊控制器无论是在理想条件下还是在扰动条件下，都能取得与基于专家知识的三域模糊控制器差不多的控制性能。此外，针对 SVR 算法，其参数 C 与 ε 取不同值时，做了另外一些仿真实验。根据实验结果（参见表 14-1 中的后三列），可知本章提出的基于数据驱动的三域模糊控制器在选择较小的 ε 时展现出较好的控制性能。

第14章 基于最近邻域聚类与支持向量回归机的三域模糊控制器设计

表 14-2 性能比较

性能指标	本章所提出的基于数据驱动的三域模糊控制器	基于专家知识的三域模糊控制器
规则数目	15	49
无扰动情况下		
ISS($\times 10^{-2}$)	1.70	1.69
IAE($\times 10^{-1}$)	2.566	2.557
ITAE($\times 10^{-1}$)	8.655	8.646
有扰动情况下（气体速度有 50%的增加扰动）		
ISS($\times 10^{-2}$)	1.77	1.78
IAE($\times 10^{-1}$)	2.675	2.680
ITAE($\times 10^{-1}$)	9.058	9.062

上述仿真结果验证了本章所提出的基于数据驱动的三域模糊控制器设计方法的有效性。三域模糊控制器设计，除了基于专家知识的设计方法外，基于数据驱动的设计方法成为一种有益的补充。

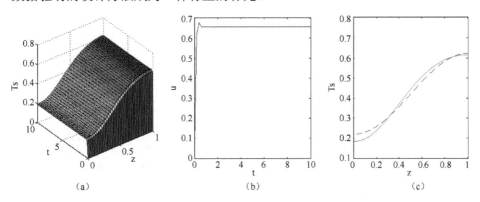

图 14-3 在理想情况下基于最近邻域聚类与 SVR 学习的三域模糊控制曲线(点线：参考曲线)

■融合空间信息的三域模糊控制器■

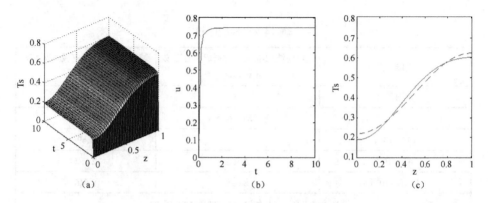

图14-4 在扰动情况下基于最近邻域聚类与SVR学习的三域模糊控制曲线(点线:参考曲线)

第15章 基于支持向量回归机的三域模糊控制器设计

在第14章,基于最近邻域聚类与 SVR 的三域模糊控制器设计方法,虽然有效,但步骤繁琐。在本章,将 SVR 的学习结果直接用于三域模糊控制规则的提取[20],方法简单而有效。

15.1 设计原理

基于 SVR 的三域模糊控制器设计是一种基于数据驱动的模糊控制器设计方法,原理如图 15-1 所示[20]。三域模糊控制器的空间模糊基函数作为 SVR 的空间核函数,SVR 学习到的空间支持向量作为关键时空耦合数据点,用作三域模糊规则库的设计。

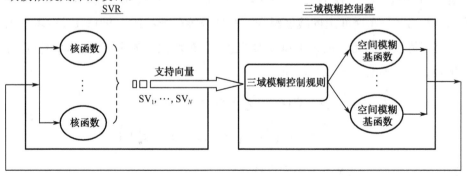

图 15-1 基于 SVR 学习的三域模糊控制器设计示意图

15.1.1 空间模糊基函数与空间核函数

三域模糊控制器的空间模糊基函数集成了两个主要的功能：①空间信息表达与处理；②模糊语言表达与规则推理。如果把空间模糊基函数与SVR的核函数建立起关系，如将空间模糊基函数视为核函数，那么SVR与三域模糊控制器将具有相同的网络结构，进一步地可以得到相同的数学表达。一般而言，一个满足梅西定理的函数可以用作SVR的核函数[27]。关键的问题在于空间模糊基函数是否满足梅西定理。在本章，通过利用空间模糊基函数与传统模糊基函数的关系以及核函数的属性，可以证明空间模糊基函数是满足梅西定理的核函数。

就三域模糊控制器而言，一条三域模糊规则 $\bar{R}^l$ 自然地形成了一个空间模糊基函数 $\Psi^l(\boldsymbol{x}_z)$，其可以看成为多个传统模糊基函数 $\varphi^l(\boldsymbol{x}(z_j))$ 在空间域上的合成（参见公式（13-12））。根据参考文献[20]，可知 $\varphi^l(\boldsymbol{x}(z_j))$ 是满足梅西定理的核函数。因此，$\varphi^l(\boldsymbol{x}(z_j))$ 可重新写成核函数的形式 $K_G(\boldsymbol{x}^l(z_j), \boldsymbol{x}(z_j))$，其中 $\boldsymbol{x}^l(z_j)$ 为在位置点 z_j 处的第 l 个空间支持向量。于是，方程（13-12）可重新写成下式，即

$$\Psi^l(\boldsymbol{x}_z) = \sum_{j=1}^{p} a_j K_G(\boldsymbol{x}(z_j), \boldsymbol{x}^l(z_j))$$

根据核函数的性质，即核函数的线性组合之后仍然核函数，可知 $\Psi^l(\boldsymbol{x}_z)$ 仍然是一个核函数。换言之，$\Psi^l(\boldsymbol{x}_z)$ 可视为 p 个核函数 $K_G(\boldsymbol{x}^l(z_j), \boldsymbol{x}(z_j))$（$j=1,\cdots,p$）在空间上的线性组合。与传统核函数相比，$\Psi^l(\boldsymbol{x}_z)$ 具有本质上的空间特性。因此，定义 $\Psi^l(\boldsymbol{x}_z)$ 为"空间"核函数。如果用 $K_{SKF}(\boldsymbol{x}_z, \boldsymbol{x}_z^l)$ 代替 $\Psi^l(\boldsymbol{x}_z)$，于是有下式成立，即

$$\begin{aligned} K_{SKF}(\boldsymbol{x}_z, \boldsymbol{x}_z^l) &= \Psi^l(\boldsymbol{x}_z) = \sum_{j=1}^{p} a_j K_G(\boldsymbol{x}(z_j), \boldsymbol{x}^l(z_j)) \\ &= \sum_{j=1}^{p} a_j \prod_{i=1}^{J} \exp\left(-\left((x_i(z_j) - c_{ij}^l)/\sigma_{ij}^l\right)^2\right) \end{aligned} \quad (15\text{-}1)$$

其中，$\boldsymbol{x}_z^l$（$l=1,\dots,N$）为空间支持向量。

当一个SVR具有空间核函数，它可以推广到学习时空耦合的数据集。因

此,将具有空间核函数的 SVR 称之为空间 SVR[20]。

15.1.2 单输出三域模糊控制器与单输出 SVR 的等价关系

若把空间模糊基函数看成为 SVR 的核函数,通过比较第 13 章中的图 13-1 及附件 1 中的图 F-3,可以得到三域模糊控制器与 SVR 的一个等价关系,即

$$
\begin{aligned}
u(\boldsymbol{x}_z) &= \langle w, \Phi(\boldsymbol{x}_z)\rangle + b \\
&= \sum_{l=1}^{N}\left(\alpha_l^* - \alpha_l\right) K_{SKF}(\boldsymbol{x}_z, \boldsymbol{x}_z^l) + b \\
&= \sum_{l=1}^{N} u^l \sum_{j=1}^{p} a_j \prod_{i=1}^{J} \exp\left(-\left((x_i(z_j) - c_{ij}^l)/\sigma_j\right)^2\right) + b
\end{aligned}
\quad (15\text{-}2)
$$

其中

$$\alpha_l^* - \alpha_l = u^l$$

$$K_{SKF}(\boldsymbol{x}_z, \boldsymbol{x}_z^l) = \sum_{j=1}^{p} a_j \prod_{i=1}^{J} \exp\left(-\left((x_i(z_j) - c_{ij}^l)/\sigma_j\right)^2\right)$$

$$b = b_0$$

值得注意的是,由于空间 SVR 处理的是时空耦合的数据,那么支持向量 $x_z^1, \cdots, x_z^N$ 就称为空间支持向量。由式(15-2)可知,空间 SVR 学习的每个支持向量 $\boldsymbol{x}_z^l$ 及其学习参数 $(\alpha_l^* - \alpha_l)$ 总对应于三域模糊控制器的一条三域模糊控制规则。具体而言,用空间 SVR 学习的支持向量 $\boldsymbol{x}_z^l$ 可用于设计第 l 条规则中的三域模糊集 $\overline{C}_i^l$ 高斯隶属度函数的中心;而学习产生 $(\alpha_l^* - \alpha_l)$ 可用于设计第 l 条规则中后件集的常数 u^l。

从等价的角度而言,基于 SVR 学习的三域模糊控制器可以看成是一个独立的三域模糊控制器或者是一个独立的空间 SVR。在本章中,基于 SVR 学习的三域模糊控制器可视为一个由 SVR 学习后设计而成的三域模糊控制器。由 SVR 学习的三域模糊控制器设计流程图参见图 15-2。

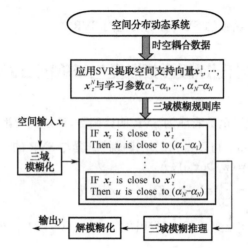

图 15-2 基于 SVR 学习的三域模糊控制器设计流程图

15.2 设计步骤

基于 SVR 学习的三域模糊控制器设计如图 15-3 所示，由四个步骤而构成：数据采集、空间支持向量学习、三域模糊规则的建立和三域模糊控制器的集成，具体实现如下。

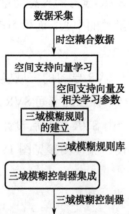

图 15-3 基于 SVR 学习的三域模糊控制器设计步骤

第15章 基于支持向量回归机的三域模糊控制器设计

1. 数据采集

基于 SVR 学习的三域模糊控制器本质上是模糊建模[28]，即从时空耦合数据中提取模糊控制规则。因此，需要充分激励被控系统的动态行为，从而得到信息充分的输入输出数据，即该数据必须包含有效的控制规律。然而，已有控制规律通常是有限的。为获取信息充分的数据，一种可能的方法是在已有控制规律中加入持续激励的扰动信号。在本章，选取具有最大长度的伪随机多层信号（pseudorandom multilevel signals，简写 PRMS）[29]作为输入扰动信号，将其顺序加入已有的控制信号中，然后收集系统输出信号。此时收集的信号称为原始数据（参见图 15-4）。经过进一步处理，原始数据对将被转化为用于 SVR 学习的基本数据对，其用集合 S 表示为

$$S = \{(x_{z,k}, u_k) \mid x_{z,k} \in IR^{p \times J}, u_k \in IR, k=1,\cdots,n\}$$

其中，$x_{z,k} = (x_1(z,k), x_2(z,k), \cdots, x_J(z,k))$，$x_i(z,k) = (x_i(z_1,k), x_i(z_2,k), \cdots, x_i(z_p,k))'$，$x_i(z_j,k)$ 表示在第 k 个采样周期第 i 个空间输入变量在第 j 个空间位置的值。$x_{z,k}$ 是参考空间输入 $r_{z,k}$ 与系统输出 $y_{z,k}$ 的函数，其中 $r_{z,k} = (r(z_1,k), r(z_2,k), \cdots, r(z_p,k))'$，$r(z_j,k)$ 表示在第 k 个采样周期来自于第 j 个空间位置的参考输入。在不同的情况下，$x_{z,k}$ 有不同的形式。例如，用 $r_{z,k}$ 与 $y_{z,k}$ 之间的误差 $e_{z,k}$ 及误差变化量 $\Delta e_{z,k}$ 构成 $x_{z,k}$。在本书，就采用上述形式，即

$$x_{z,k} = (e_{z,k}, \Delta e_{z,k})$$

其中

$$e_{z,k} = (e(z_1,k), e(z_2,k), \cdots, e(z_p,k))'$$
$$\Delta e_{z,k} = (\Delta e(z_1,k), \Delta e(z_2,k), \cdots, \Delta e(z_p,k))'$$

$e(z_j,k) = r(z_j,k) - y(z_j,k)$ 与 $\Delta e(z_j,k) = e(z_j,k) - e(z_j, k-1)$ 分别表示在第 k 个采样周期来自于第 j 个传感器位置的误差及误差变化量。

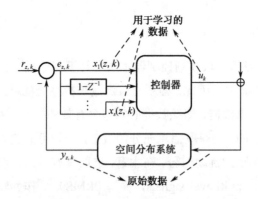

图 15-4 系统反馈连接结构图及数据流图（Z^{-1}：时间移位算子）

2. 空间支持向量机学习

在 SVR 学习之前，首先将三域模糊控制器的空间模糊基函数作为 SVR 的空间核函数，然后设置合适的 SVR 学习参数 C 与 ε。在本书中，采用 K 折交叉检验获取 C 与 ε 的数值。均方根误差（Root mean-squared error，简写 RMSE）用做测试数据的定量性能评判标准，其定义如下，即

$$RMSE = \sqrt{\sum_{k=1}^{n}(\Delta u_k^* - \Delta u_k)^2 / n} \qquad (15\text{-}3)$$

其中，Δu_k^* 表示学习后的增量式输出，Δu_k 表示期望的增量式输出，n 表示数据对的数目。

应用 K 折交叉检验获取合适的 C 与 ε 之后，经过空间 SVR 学习，可以得到 $N(N<n)$ 个支持向量 $x_z^1, \cdots, x_z^N$ 及 N 个学习参数 $\alpha_1^* - \alpha_1, \cdots, \alpha_N^* - \alpha_N$。

3. 三域模糊规则的建立

将 SVR 学习的支持向量和学习参数用来建立三域模糊控制规则库。具体而言，支持向量 x_z^l 用来建立第 l 条模糊规则的前件集；$(\alpha_l^* - \alpha_l)$ 是用来建立后件集。因此，三域模糊控制器的第 l 条模糊规则可表示为

$$\bar{R}^l: \text{If } \mathbf{x}_z \text{ is close to } \mathbf{x}_z^l \text{ Then } u \text{ is close to } (\alpha_l^* - \alpha_l)$$

最后，一个具有 N 条规则的三域规则库便建立起来。

4．三域模糊控制器的集成

当三域模糊规则库建立之后，通过集成其他组件，如三域模糊化、三域模糊规则推理和去模糊化，便可构成一个完整的三域模糊控制器。

15.3 仿真应用

仍然以 2.2.1 节的填充床催化反应器为例。控制问题为通过调整夹套温度来控制催化剂的温度（如沿着反应器长度维持恒定的催化剂温度）从而维持理想的反应率。沿着反应器的长度方向安置了 5 个点式传感器来获取催化剂温度，将其安装在空间位置点 $z' = [0\ 0.25\ 0.5\ 0.75\ 1]$ 上。采用了非均匀的分布，热源的分布为 $b(z) = 1 - \cos(\pi z)$，催化剂温度的参考空间曲线为 $T_{sd}(z) = 0.42 - 0.2\cos(\pi z)$，$0 \leq z \leq 1$。

在该应用中，直接用 SVR 学习算法从一个时空耦合的数据集中提取三域模糊规则，无需任何先验经验，构成一个完整的三域模糊控制器。

1．设计基于 SVR 学习的三域模糊控制器

① 收集数据

首先在基于专家经验的三域模糊控制器[1]控制下，从填充床催化反应器收集时空耦合的输入输出数据。这里，将具有最大长度为 124 的五层伪随机扰动信号（PRQS）作为扰动信号加入控制输入端。关于基于专家经验的三域模糊控制器的详细设计，如三域模糊化、三域模糊规则推理及解模糊化，请查阅参考文献[1]。空间误差与空间误差变化量的输入量化因子与增量式输出的比例因子分别设置为 2.0、0.001 及 0.5。PRQS 的参数选择如下：层数为 5，最大周期长度为 124，采样周期为 0.1 秒，及最小切换时间（时钟周期）为 0.1 秒。增益为 0.1 的 PRQS 扰动信号在时间区间[0, 12.5]内加入到控制输入端，

融合空间信息的三域模糊控制器

产生一个时空耦合数据集。因此，实际控制输出 u 由下式所表示，即

$$u(kT) = \Delta u'(kT) * k_u + u(kT-T) + 0.1 * \vartheta(kT)$$

其中：$\Delta u'(kT)$ 为来自于基于专家知识的三域模糊控制器的增量式输出，$k_u = 0.5$ 为比例因子，$\vartheta(kT)$ 为 PRQS 序列产生的第 k 个扰动值，$T = 0.1$ 为采样周期。为了模拟实际的测量噪声，五组具有相同分布的独立的 2%高斯白噪声加入到测量值。

最后，得到了一个具有 125 组输入输出数据对的原始数据集。经过进一步处理，得到了可以用于 SVR 学习的一个具有 125 组输入输出数据对的时空耦合数据集。

$$S = \{(x_{z,k}, \Delta u_k) \mid x_{z,k} \in R^{5 \times 2}, \Delta u_k \in R, k = 1, \cdots, 125\} \quad (15\text{-}4)$$

其中

$$x_{z,k} = (e_{z,k}, \Delta e_{z,k})$$
$$e_{z,k} = (e(z_1, kT), e(z_2, kT), \cdots, e(z_5, kT))'$$
$$\Delta e_{z,k} = (\Delta e(z_1, kT), \Delta e(z_2, kT), \cdots, \Delta e(z_5, kT))',$$
$$e(z_j, kT) = T_{sd}(z_j, kT) - T_s(z_j, kT)$$
$$\Delta e(z_j, kT) = e(z_j, kT) - e(z_j, kT-T)$$
$$\Delta u_k = \Delta u'(kT) * k_u, 1 \leq j \leq p.$$

用于收集数据的控制器可以为任何形式，如有操作经验的人类操作员，基于模型的控制器，或者基于专家经验的三域模糊控制器。目标是为了产生隐含有控制规律的时空耦合的数据集。基于 SVR 学习的三域模糊控制器就是从时空耦合的数据集中提取控制规律，并将其表示成三域模糊规则的形式。在该应用中，将基于专家经验的三域模糊控制器[1]用于产生数据。

② **空间支持向量学习**

将 SVR 学习算法用于数据集 S 进行空间支持向量的学习。需要注意的是，式（13-9）表示的空间模糊基函数用作 SVR 的核函数。最后，可以得到空间支持向量及其相关学习参数。在本应用中，采用 5 折交叉检验实现对 SVR 的模型选择，C 的选择范围为 $\{0.1, 1, 10, 10^2, 10^3, 10^4, 10^5\}$，$\varepsilon$ 的选择范围为 $\{0.001, 0.01, 0.1, 0.2\}$。具有不同 C 与 ε 的 SVR 学习结果列于表 15-1 中。从表 15-1

可以发现，当 $C = \{10^3, 10^4, 10^5\}$ 及 $\varepsilon = 0.001$ 时，可以得到最好的测试性能。在该应用中，选取 $C = 1000$ 与 $\varepsilon = 0.001$ 作为 SVR 的学习参数。最后，从 S 中学习得到 31 个支持向量。

③ 三域模糊规则的建立

根据在②中所得到的 SVR 学习结果，建立了 31 条三域模糊规则。列出前 3 条三域模糊规则如下。

1. If $e(z)$ is close to $[0.2200\ 0.2786\ 0.4200\ 0.5614\ 0.6200]'$ and $\Delta e(z)$ is close to $[0.2200\ 0.2786\ 0.4200\ 0.5614\ 0.6200]'$ then Δu is close to -542.6.

2. If $e(z)$ is close to $[0.1142\ 0.1252\ 0.1491\ 0.1806\ 0.2010]'$ and $\Delta e(z)$ is close to $[-0.0298\ -0.0201\ -0.0120\ 0.0038\ 0.0073]'$ then Δu is close to -441.8.

3. If $e(z)$ is close to $[0.0171\ -0.0173\ -0.0635\ -0.0543\ -0.0327]'$ and $\Delta e(z)$ is close to $[-0.0317\ -0.0576\ -0.0776\ -0.0833\ -0.0831]'$ then Δu is close to -601.9.

图 15-5 画出了这三条规则相关的 3D 隶属度函数分布。该图充分显示出了三域模糊控制系统的本质空间特性。

④ 三域模糊控制器的集成

基于③建立起来的三域模糊规则，通过组合三域模糊化、三域模糊规则推理及解模糊化，可以得到一个完整的三域模糊控制器。得到的三域模糊控制器可以用作填充床催化反应器的控制器。

表 15-1 不同 C 与 ε 时，SVR 学习结果

C	ε				支持向量数目	测试时 RMSE ($\times 10^{-2}$)
	0.001	0.01	0.1	0.2		
0.1	√				124	7.14
		√			108	7.21
			√		18	7.25
				√	2	11.77

续表

C	ε				支持向量数目	测试时 RMSE ($\times 10^{-2}$)
	0.001	0.01	0.1	0.2		
1	√				122	6
		√			106	6.07
			√		16	6.89
				√	2	11.86
10	√				97	0.58
		√			36	1.18
			√		6	5.87
				√	2	11.07
10^2	√				43	0.4
		√			11	0.77
			√		3	5.12
				√	2	11.07
10^3	√				31	0.32
		√			5	0.74
			√		3	5.12
				√	2	11.07
10^4	√				32	0.32
		√			5	0.74
			√		3	5.12
				√	2	11.07
10^5	√				32	0.32
		√			5	0.74
			√		3	5.12
				√	2	11.07

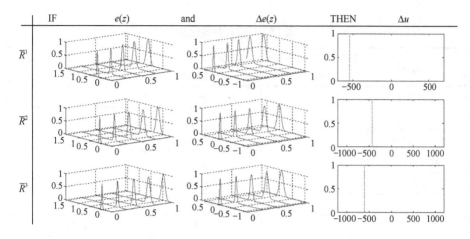

图 15-5　前 3 条三域模糊规则及其相关的 3D 隶属度函数分布（$b=-2.0062$）

2．控制性能验证

将基于 SVR 学习的三域模糊控制器用作填充床催化反应器的控制器，图 15-6 给出了催化剂温度演化曲线、操纵变量及稳态时催化剂温度空间分布曲线。为了模拟噪声影响，五组相互独立的 2%高斯白噪声信号用作 5 个传感器的测量噪声。在图 15-7（a）中，画出了控制曲线；在表 15-2 中，列出了控制性能。

作为比较，在相同噪声影响下，又进行了另外两组控制实验。第一组实验，将基于专家知识的三域模糊控制器作为控制器，它的详细设计（包括 3D 隶属度函数、三域模糊规则库、三域模糊推理、模糊化及解模糊化）可参考文献[1]。空间误差量化因子、空间误差的变化量量化因子及增量式控制输出比例因子分别设置为 2.0、0.001 及 0.5。表 15-2 与图 15-7（b）分别给出了控制性能及控制曲线。第二组实验，将线性基于模型的输出反馈控制器作为控制器。本方法中，由式（2-6）～（2-7）所代表的 PDE 方程中忽略了非线性项，采用 Galerkin 方法将无限维系统降阶为有限维系统，然后采用几何控制方法[30]设计线性输出反馈控制器。第一阶有限维系统足够近似原系统。近似有限维系统的观测器增益设为 1，控制器参数 β0 与 β1（详细解释参见文献[30]）均设为 1。表 15-2 与图 15-7（c）分别给出了控制性能及控制曲线。

表 15-2　控制性能比较

性能指标	基于 SVR 学习的三域模糊控制器	基于专家知识的三域模糊控制器[1]	线性基于模型的输出反馈控制器[30]
规则数目	32	49	/
无扰动情况下			
SSE（×10^{-2}）	1.69	1.69	11.13
IAE（×10^{-1}）	3.177	3.178	18.912
ITAE	1.9241	1.9242	12.7243
有扰动情况下（B_0 了增加 20%）			
SSE（×10^{-2}）	1.71	1.78	10.21
IAE（×10^{-1}）	3.188	3.294	17.639
ITAE	1.9473	2.0331	11.6904

由图 15-6、图 15-7 和表 15-2 所示，本章提出的基于 SVR 学习的三域模糊控制器在一定程度上对过程噪声鲁棒性较强。在系统无扰动的情况下，能够取得与基于专家知识的三域模糊控制器取得差不多的控制性能；在有扰动的情况下，控制性能要优于基于专家知识的三域模糊控制器。这说明了所提出的 SVR 学习方法能够很好地提取隐含在时空耦合的输入输出数据集中的控制规律，将其表示成三域模糊规则的形式。此外，上述两种三域模糊控制器控制性能均要优于线性基于模型的输出反馈控制器。值得注意的是，三域模糊控制器与线性基于模型的输出反馈控制器是完全不同的两种控制器。三域模糊控制器将控制知识表示成三域模糊集合、三域模糊规则及三域模糊推理，是一种非线性不基于模型的控制器；而设计输出反馈控制器不但需要填充床催化反应器的精确数学模型，并且还需要掌握 DPS 的复杂控制理论。因此，三域模糊控制器在 DPS 的工程应用上存在着较大的潜力。当没有专家控制知识时，仅有隐含有控制规律的输入输出数据集时，基于 SVR 学习的三域模糊控制器成为一种非常有潜力的三域模糊控制器设计方法。

在图 15-6 中，左图为催化剂温度时间温度演化曲线；中间图为操作输入；右图为稳态时催化剂温度空间分布曲线。

第15章 基于支持向量回归机的三域模糊控制器设计

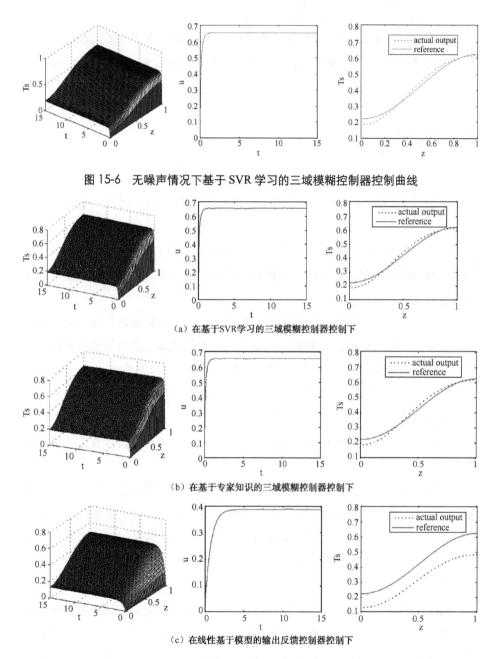

图 15-6 无噪声情况下基于 SVR 学习的三域模糊控制器控制曲线

(a) 在基于SVR学习的三域模糊控制器控制下

(b) 在基于专家知识的三域模糊控制器控制下

(c) 在线性基于模型的输出反馈控制器控制下

图 15-7 有噪声情况下控制性能比较

在图 15-7（a）、图 15-7（b）及图 15-7（c）中，左图为催化剂温度时间温度演化曲线；中间图为操作输入，右图为稳态时催化剂温度空间分布曲线。

本篇小结

本篇主要解决基于数据驱动的三域模糊控制器的设计问题，主要内容如下。

（1）当三域模糊控制器采用单值三域模糊化、linear 解模糊器、高斯型空间隶属度函数、加权综合法降维和模糊单值型后件，可以推导得到一个非线性数学表达式。

（2）给出了空间模糊基函数的概念。每一个模糊基函数对应一条三域模糊规则，则所有的模糊基函数对应一个三域模糊规则库。空间模糊基函数可以看成多个传统模糊基函数在空间上的合成。

（3）三域模糊控制器是空间模糊基函数的线性组合。据此，可以画出三域模糊控制器的一个三层网络结构。

（4）应用 Stone-Weierstrass 定理，证明了三域模糊控制器具有万能逼近性能。

（5）设计了一种基于最近邻域聚类与 SVR 的三域模糊控制器。首先将 Frobenius 泛数引入到最近邻聚类算法中作为其距离，将最近邻聚类算法扩展能够处理空间数据。然后，应用最近邻聚类算法实现三域模糊控制规则前件集的结构学习，再采用相似度量进行结构简化。最后，应用 SVR 对三域模糊控制规则后件集参数进行参数学习。

（6）设计了一种基于 SVR 的三域模糊控制器。首先将三域模糊控制器的三域模糊集函数作为 SVR 的核函数，建立起三域模糊控制器与 SVR 等价关系式。用 SVR 对时空耦合数据集进行支持向量学习，支持向量用作设计三域模糊控制规则的前件集参数，学习参数用作设计三域模糊控制规则的后件集参数。

本篇参考文献

[1] Li H X, Zhang X X, Li S Y. A three-dimensional fuzzy control methodology for a class of distributed parameter systems. *IEEE Transactions on Fuzzy Systems*, 2007, 15(3): 470-481

[2] Zhang X -X, Li H -X, Li S Y. Analytical study and stability design of three-dimensional fuzzy logic controller for spatially distributed dynamic systems. *IEEE Trans. Fuzzy Syst,* 2008, 16(6): 1613-1625

[3] Zhang X -X, Li S Y, Li H -X. Structure and BIBO Stability of a Three-dimensional Fuzzy Two-term Control System. *Mathematics and Computers in Simulation*, 2010, vol.80, no.10, pp. 1985-2004

[4] Zhang X -X, Li H -X, and Qi C K. Spatially constrained fuzzy-clustering based sensor placement for spatiotemporal fuzzy-control system. *IEEE Trans. Fuzzy Syst.*, 2010, vol. 18, no. 5, pp. 946-957

[5] Zhang X -X, Jiang Y, Li H X. 3-D fuzzy logic controller for spatially distributed dynamic systems. *A tutorial, IEEE International Conference on Fuzzy Systems*, 2009, p 854-859, Korea, August 20-24

[6] Wang L X. A course in fuzzy systems and control. *Upper Saddle River, NJ: Prentice-Hall,* 1997

[7] Guillaume S. Designing fuzzy inference systems from data: an interpretability-oriented review. *IEEE Trans on Fuzzy Systems*, 2001, 9(3): 426-430

[8] Rojas I, Pomares H, Ortega J, Prieto A. Self-organized fuzzy system generation from training examples. *IEEE Trans on Fuzzy Systems*, 2000, 8(1):23-26

[9] Sugeno M, Yasukawa T. A fuzzy-logic-based approach to qualitative modeling. *IEEE Trans on Fuzzy Systems*, 1993, 1(1): 7-31

[10] Krishnapuram R, Freg C P. Fitting an unknown number of lines and planes to image data through compatible cluster merging. *Pattern Recognition*,

1992, 25(4): 385-400

[11] Setnes M, Babuska R, Kaymak U, van Nauta Lemke H R. Similarity measures in fuzzy rule base simplification. *IEEE Transactions on Systems, Man, and Cybernetics, Part B*, , 1998, 28(3): 376-386

[12] Cordón O, Herrera F, Villar P. Generating the knowledge Base of a Fuzzy rule- based system by the genetic learning of the data base. *IEEE Trans on Fuzzy Systems*, 2001, 9(4): 667-674

[13] 唐少先，陈建二，张泰山. Mamdani 模糊系统 I/O 关系的表示及隶属函数优化. 控制理论与应用，2005, 22(4): 520-526

[14] Yager R R, Filev D P. Approximate clustering via the mountain method [J]. *IEEE Transaction on Systems, Man and Cybernetics*, 1994, 24: 1279-1284

[15] Juang C F, Lin C T. An on-line self-constructing neural fuzzy inference network and its applications [J]. *IEEE Transaction on Fuzzy Systems*, 1998, 6(1): 12-32

[16] Chiang J -J, Hao P -Y. Support vector learning mechanism for fuzzy rule-based modeling: a new approach. *IEEE Transaction on Fuzzy Systems*, 2004, 12 (1): 1-12

[17] Juang, C F., Lin C T. An on-line self-constructing neural fuzzy inference network and its applications. *IEEE Transaction on Fuzzy Systems*, 1998, 6 (1):12-32

[18] Wang L -X, Mendel J M. Fuzzy basis functions, universal approximation, and orthogonal least-squares learning [J]. *IEEE Transaction on Neural Networks*, Sep. 1992, 3(5): 807-814

[19]王立新. 自适应模糊系统与控制-设计与稳定性分析[M]. 北京: 国防工业出版社，2002

[20] Zhang X -X, Jiang Y, Li H -X, Li S Y. SVR learning-based spatiotemporal fuzzy logic controller for nonlinear spatially distributed dynamic systems. *IEEE Transactions on Neural Networks and Learning System*, 2013,

24(10), 1635-1647

[21] Zhang X -X, Jiang Y, Ma S W, and Wang Bing. Reference Function Based Spatiotemporal Fuzzy Logic Control Design Using Support Vector Regression Learning. *Journal of Applied Mathematics*, 2013, vol. 2013, Article ID 410279, 13 pages

[22] Zhang X -X, Qi J D, Su B L, Ma S W. A clustering and SVM regression learning-based spatiotemporal fuzzy logic controller with interpretable structure for spatially distributed systems. *Journal of Applied Mathematics,* 2012, Article ID 841609, 24 pages

[23] Rudin W. Principles of Mathematical Analysis. 3rd ed. New York: *McGraw-Hill*, 1976

[24] Chen M -Y, Linkens D A. Rule-base self-generation and simplification for data-driven fuzzy models. *Fuzzy Sets and Systems*, 2004, 142:243-265

[25] Jin Y. Fuzzy modeling of high-dimensional systems: complexity reduction and interpretability improvement. *IEEE Trans. Fuzzy System*, 2000, 8(2): 212-221

[26] Vapnik V. Statistical Learning Theory. New York: Wiley, 1998

[27] Smola A J, Schölkopf B. A tutorial on support vector regression. *Statistics and Computing*, 2004, 14: 199–222

[28] Babuska R. Fuzzy Modeling for Control. Boston: *Kluwer Academic Publishers,* 1998

[29] Haber R and Keviczky L. Nonlinear System Identification—Input–Output Modeling Approach, Volume 1: Nonlinear System Parameter Identification. *Dordrecht, The Netherlands: Kluwer*, 1999

[30] Christofides P D. Nonlinear and Robust Control of Partial Differential Equation Systems: Methods and Applications to Transport-Reaction Processes. Boston: *Birkhäuser*, 2001

第 16 章　结束语

　　三域模糊集合与三域模糊控制器自 2007 年首次发表在 IEEE Transactions on Fuzzy Systems 上,到现在已有十年了。它们的魅力在于表征空间信息、处理空间信息与模糊逻辑控制完美的融合到一起,拓展了传统意义上的模糊逻辑控制。此外,三域模糊控制器既能运用人类专家经验来设计三域模糊控制规则,又能通过机器学习算法从时空耦合的输入输出数据中提取三域模糊控制规则。作为一种非线性映射器,它可以通过简单的设计来逼近一个复杂的系统。作为一种无模型的方法,亦可以通过传统的稳定性方法(如 Lyapunov 稳定性与 BIBO 稳定性)结合三域模糊控制器的解析式得到确保稳定的控制器参数设计方法。

　　空间分布特性在现实生活中与工业生产中几乎处处存在。经典的分布参数系统控制方法相比较传统的集总参数控制方法,不但复杂,而且对数学要求非常高,一般工程师及操作人员很难掌握。因此,经典的分布参数系统控制方法在实践中难以得到广泛应用。本书为解决上述问题提供了一条途径。三域模糊控制器的设计分为两种方法,基于专家经验方法与基于数据驱动方法。基于专家经验的三域模糊控制器设计方法与基于专家经验的传统模糊控制器设计方法相似,将专家经验表述成三域模糊控制规则,由"IF... THEN..."规则构成,因此容易理解,方便设计。基于数据驱动的三域模糊控制器设计方法无需领域专家知识就可以通过机器学习算法自动从输入输出数据中提取三域模糊控制规则,从而给使用者带来了很大的方便。

　　本书所介绍的三域模糊控制器,从四个不同角度来展示给读者。第一篇是三域模糊集合与三域模糊控制器的相关基本知识,第二篇是从理论的角度揭示三域模糊控制器的结构及可以确保稳定的控制器参数设计方法,第三篇将三域模糊控制器推广至具有多控制源空间分布动态系统,第四篇从数据驱动的角度介绍三域模糊控制器的设计方法。这4篇相互独立又相互关联。从总体上来说,本书所提的方法主要从工程应用的角度考虑,如简单性、实用性等。

本书所介绍的三域模糊控制器在未来将会得到进一步的发展。

(1) 三域模糊集合所描述的空间将由一维空间拓展为二维空间,三域模糊控制器将控制二维空间分布的动态系统。

(2) 三域模糊控制器将具有自适应的调整能力。当系统发生强扰动,或者动态特性发生变化,三域模糊控制器将具有结构自组织能力,或者参数自调整能力。

(3) 三域模糊控制器的应用范围将进一步扩大,如应用到基于视觉的机器人控制。

附录　支持向量回归机（SVR）

给定训练集：
$$D = \{[x_i, y_i] \in IR^s \times IR, i=1,\cdots,n\} \tag{F-1}$$

在 ε-SVR[1]中，回归问题的目标就是依据训练集，寻找一个函数 $f(x,w)$，使样本点输入 x 在该函数下的输出值(即预测值)与其对应的观测值 y 的误差不大于事先给定的偏差 ε，同时还要确保函数尽可能的光滑。

1. 线性 ε-SVR

考虑线性函数
$$f(x,w) = <w \cdot x> + b \quad 且 w \in IR^s, b \in IR \tag{F-2}$$

其中，$<\cdot>$ 表示空间 IR^s 上的点积。这个线性函数 $f(x,w)$ 对应于空间 $IR^s \times IR$ 上的一个超平面。所以从几何上看，线性回归问题就是在给定训练集（F-1）的条件下，寻找一个 $s+1$ 维空间 IR^{s+1} 上的超平面（即一个最光滑的线性函数，对应于后面图 F-1（a）中实直线的映射）。式（F-2）中最光滑的函数 $f(x,w)$ 是指最小化 w，即最小化 w 的范数 $\|w\|^2 = <w \cdot w>$。此最小化问题可写成下述凸规划问题，即

$$\begin{aligned} \min \quad & \frac{1}{2}\|w\|^2 \\ s.t. \quad & \begin{cases} y_i - <w \cdot x_i> - b \leq \varepsilon \\ <w \cdot x_i> + b - y_i \leq \varepsilon \end{cases} \end{aligned} \tag{F-3}$$

以上凸规划中假设了存在一个线性函数 $f(x,w)$，使得所有样本点都满足约束条件。但是，倘若此假设不成立，并且必须考虑一些误差时，凸规划（F-3）显然是无解的。为此，Cortes&Vapnik 提出采用"软间隔"损失函数[2]，并引

入松弛变量 ξ_i, ξ_i^* 以避免凸规划（F-3）存在的不可求解情况。根据结构风险最小化原则，原问题变为如下的凸规划问题，即

$$\min_{w,b,\xi^{(*)}} \quad \frac{1}{2}\|w\|^2 + C\sum_{i=1}^{n}(\xi_i + \xi_i^*)$$

$$s.t. \quad \begin{cases} y_i - <w \cdot \mathbf{x}_i> - b \leq \varepsilon + \xi_i \\ <w \cdot \mathbf{x}_i> + b - y_i \leq \varepsilon + \xi_i^* \\ \xi_i, \xi_i^* \geq 0, \ i = 1, \cdots, n \end{cases} \quad \text{（F-4）}$$

常数 C 控制着模型复杂度和训练误差之间的折衷，称其为惩罚因子。此处"软间隔"损失函数即为 ε-不敏感损失函数 $|\xi|_\varepsilon$，由下式表示，即

$$|\xi|_\varepsilon := \begin{cases} 0 & \text{如果 } |\xi| \leq \varepsilon \\ |\xi| - \varepsilon & \text{其他} \end{cases} \quad \text{（F-5）}$$

图 F-1 描述了"软间隔"的几何意义，在图 F-1（a）中只有处于两条虚线之外的训练样本点才要受到"惩罚"，从而影响式（F-4）右边第二项的惩罚因子。因此，称图 F-1（a）中两条虚线构成的带子为 ε-带。

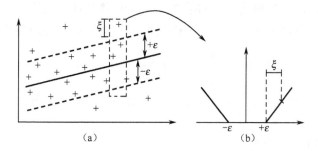

图 F-1　线性支持向量机的软边缘示意图

采用 Lagrange 乘子法则求解式（F-4）表示的不等式约束下的凸规划问题，则问题的 Lagrange 函数 L 为

$$\begin{aligned} L := &\frac{1}{2}\|w\|^2 + C\sum_{i=1}^{n}(\xi_i + \xi_i^*) - \sum_{i=1}^{n}\alpha_i(\varepsilon + \xi_i - y_i + <w \cdot \mathbf{x}_i> + b) \\ &- \sum_{i=1}^{n}\alpha_i^*(\varepsilon + \xi_i^* + y_i - <w \cdot \mathbf{x}_i> - b) - \sum_{i=1}^{n}(\eta_i \xi_i + \eta_i^* \xi_i^*) \end{aligned} \quad \text{（F-6）}$$

其中，$\eta_i, \eta_i^*, \xi_i, \xi_i^* \geq 0, i = 1, \cdots, n$ 是 Lagrange 对偶变量，$0 \leq \alpha_i, \alpha_i^* \leq C$，

$i=1,\cdots,n$ 是 Lagrange 乘子。最小化 Lagrange 函数 L，则函数 L 对主要变量 (w,b,ξ_i,ξ_i^*) 的梯度为零，即

$$\begin{cases} \partial_b L = \sum_{i=1}^n (\alpha_i - \alpha_i^*) = 0 \\ \partial_w L = w - \sum_{i=1}^n (\alpha_i - \alpha_i^*)x_i = 0 \\ \partial_{\xi_i} L = C - \alpha_i - \eta_i = 0 \\ \partial_{\xi_i^*} L = C - \alpha_i^* - \eta_i^* = 0 \end{cases} \quad (F\text{-}7)$$

将式（F-7）代入式（F-6）可得到对偶优化问题，即

$$\max \quad -\frac{1}{2}\sum_{i,j=1}^n (\alpha_i - \alpha_i^*)(\alpha_j - \alpha_j^*)<x_i \cdot x_j> - \varepsilon \sum_{i=1}^n (\alpha_i + \alpha_i^*) + \sum_{i=1}^n y_i(\alpha_i - \alpha_i^*)$$

$$s.t. \quad \sum_{i=1}^n (\alpha_i - \alpha_i^*) = 0, \quad 0 \leqslant \alpha_i, \alpha_i^*$$

(F-8)

在上述对偶优化问题中，利用式（F-7）中最后两个结论可消除对偶变量 η_i,η_i^*。将式（F-7）中第二个结论代入式（F-2）可得最终的决策函数，即

$$f(x,w) = \sum_{i=1}^n (\alpha_i - \alpha_i^*)<x_i \cdot x> + b \quad (F\text{-}9)$$

其中，将 $(\alpha_i - \alpha_i^*) \neq 0$ 对应的训练样本点 (x_i, y_i) 称为支持向量。

2. 非线性 ε-SVR

非线性回归是线性回归的拓广，引进从输入空间 IR^s 到 Hilbert 空间 H 的变换 $X = \Phi(x)$，即

$$\begin{aligned} \Phi: IR^s &\to H \\ x &\to X = \Phi(x) \end{aligned} \quad (F\text{-}10)$$

用 Hilbert 空间中的 $\Phi(x_i)$ 替换对偶优化问题（F-8）中的 x_i，并求解约束优化问题，则最终的决策函数为

$$f(x,w) = \sum_{i=1}^n (\alpha_i - \alpha_i^*)<\Phi(x_i) \cdot \Phi(x)> + b = \sum_{i=1}^n (\alpha_i - \alpha_i^*)K(x_i, x) + b \quad (F\text{-}11)$$

其中，$(\alpha_i-\alpha_i^*)\neq 0$ 对应的训练样本点 (x_i,y_i) 为支持向量，将 $K(x_i,x)=<\Phi(x_i)\cdot\Phi(x)>$ 称为核函数。

3. 核函数

图 F-2 给出了从输入空间 R^s 到 Hilbert 空间 H 的变换 $\Phi(\cdot)$。统计学习理论中将满足有限半正定性质的对称函数 $K(x,x')=<\Phi(x)\cdot\Phi(x')>$ 称之为核函数，即核函数满足 Mercer 条件（即 Mercer 定理的条件），其中 $<\cdot>$ 表示空间 H 中的内积。常用的核函数[3]如下。

① 多项式核函数 $K(x,x')=<x\cdot x'>^d$ 或者 $K(x,x')=(<x\cdot x'>+1)^d$。

② Gauss 径向基核函数 $K(x,x')=\exp(-\|x-x'\|^2/\sigma^2)$ 等。

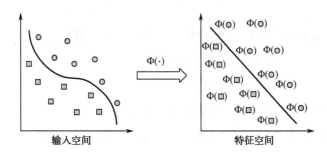

图 F-2 输入空间与高维特征空间之间的映射关系

定理 F.1 Mercer 定理[4] 令 X 是 R^n 的紧子集。假定 K 是连续对称函数，存在积分算子 $T_K:L_2(X)\to L_2(X)$，使得

$$(T_K f)(\cdot)=\int_X K(\cdot,x)f(x)dx$$

是正的，即

$$\int_{X\times X}K(x,z)f(x)f(z)dxdz\geq 0 \quad \forall f\in L_2(X)$$

对所有的 $f\in L_2(X)$ 成立。然后在 $X\times X$ 上扩展 $K(x,z)$ 到一个一致收敛的序列，这个序列由 T_K 的特征函数 $\phi_j\in L_2(X)$ 构成，归一化使得 $\|\phi_j\|_{L_2}=1$，并且 $\lambda_j\geq 0$，则有

$$K(x,z) = \sum_{j=1}^{\infty} \lambda_j \phi_j(x) \phi_j(z)$$

其中，正条件为

$$\int_{X \times X} K(x,z) f(x) f(z) dx dz \geq 0$$

对应着有限输入空间情况下的半正定条件。Mercer 定理的条件等价于对 X 的任意有限子集，相应的矩阵是半正定的命题。

在知道非线性映射的情况下，构造与之对应的核函数是一件非常容易的事，但事实上，特征变换是比构造核函数更为困难的事情[5]。然而，可以利用 Mercer 核函数的性质构造核函数，即组合现有的一些核函数来构造新的核函数。假设 $K_1(x,x')$ 和 $K_2(x,x')$ 是两个 Mercer 核函数，常见的构造 Mercer 核函数方式[4]如下。

- $K_3(x,x') = aK_1(x,x') + bK_2(x,x') \quad \forall a,b \in R^+$；
- $K_4(x,x') = K_1(x,x') \cdot K_2(x,x')$；
- $K_5(x,x') = \exp(K_1(x,x'))$；
- $K_6(x,x') = Polynomial(K_1(x,x'))$。

注：为简便表示，本文中所提到的核函数均指 Mercer 核函数。

4．SVR 的网络结构

SVR 的结构类似于三层前馈神经网络，如图 F-3 所示。输入模式在输入层不做处理，然后计算输入模式与支持向量的核函数，最后在特征空间中得到的内积与其相应的权重 $(\alpha_i - \alpha_i^*)$ 的线性组合再加上一个常数项 b 产生最终的预测输出。与神经网络不同的是，输入层的权值是训练模式的子集，即支持向量组成的结合；中间层（隐含层）结点的个数由支持向量的个数确定。

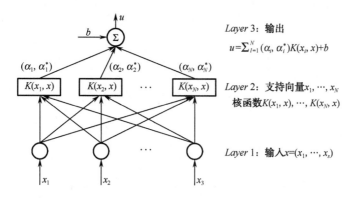

图 F-3　SVR 的三层网络结构（N 为支持向量的个数）

本附录参考文献

[1] Vapnik V. Statistical Learning Theory. New York: *Wiley*, 1998

[2] Cortes C, Vapnik N V. Support vector networks. *Machine Learning*, 1995, 20: 273-297

[3] 邓乃扬，田英杰. 数据挖掘中的新方法——支持向量机. 北京：科学出版社，2004

[4] Cristianini N, Shawe-Taylor J. 支持向量机导论. 北京：电子工业出版社，2004

[5] 杨志民，刘广利. 不确定性支持向量机原理及应用. 北京：科学出版社，2007